Enrico Finzi

FELICI
MALGRADO

ecomunicare

Enrico Finzi
Felici malgrado

ecomunicare s.r.l.
www.ecomunicare.com

Tutti i diritti riservati
Edizione ottobre 2012
ISBN 978-1-291-11921-3

Indice

Questo lavoro

Il volume che avete in mano, in formato cartaceo o digitale, è – pur nelle sue dimensioni contenute – la somma di due testi, collegati ma radicalmente diversi.

La prima sezione parla dell'Italia, con dati di ricerca del 2011-2012 (l'ultimo sondaggio citato è del settembre 2012): è una sorta di *instant book*, che descrive 'a caldo' il tracollo degli Italiani, del loro *sentiment*, della loro (nostra) felicità.

La seconda sezione, più lunga, racconta quali sono le strategie messe in atto dai nostri connazionali per essere 'felici malgrado', per riuscire a ricavare un po' di appagamento esistenziale anche quando la crisi 'morde' e specialmente quando a molti diviene impossibile coltivare qualunque speranza nel futuro. Il tutto non ha solo un carattere descrittivo: ma cerca di fornire una serie di suggerimenti (spero) sensati per migliorare il proprio bilancio della felicità.

C'è poi un'appendice, contenente tre schede su questioni nodali: corpo e amore, un'ipotesi di politica felicitante, alcune idee sulla rifondazione del *marketing*.

Nella guida alla lettura possono essere utili poche avvertenze, che ripeterò via via. In primo luogo, i consigli, mai imperativi, nascono dall'analisi delle esperienze degli Italiani che si dicono assai felici, ai quali ho dedicato molti studi empirici dal 2001: sono, cioè, una sintesi interpretativa e orientativa delle varie *Italian ways to happiness*.

In secondo luogo, il lettore che manterrà la voglia di arrivare sino in fondo si renderà conto, guardandole in controluce, che 'dietro' molte proposte sta una 'filosofia del vivere' che coinvolge l'autore ma che può ovviamente essere discussa e rifiutata (epperò pure in tal caso alcuni suggerimenti mantengono, credo, una loro validità).

Infine, l'approccio prescelto: netto nel delineare il *default* del Paese, cordiale nel render conto delle sofferenze del nostro popolo e della sua complessiva saggezza nell'affrontare le sfide della vita, secondo quella che è stata definita la sua *ancient art of living*.

Prima Sezione
Il disastro del Paese
e la resilienza degli Italiani

L'inedito crollo della nostra felicità

Mia madre era di Ferrara, mio padre di Mantova; mia moglie è romagnola, sua sorella vive a Modena; io abito a Milano. Hanno, **abbiamo vissuto serenamente** pensando ai terremoti: "la pianura padana, a partire da quella dell'Emilia e dintorni, non è a rischio sismico", ci dicevano. E tutti da quelle parti si sentivano sicuri, specie ripensando alle rovine di Gibellina, di Sant'Angelo dei Lombardi, di Gemona, dell'Aquila e di tanti altri luoghi distrutti dalle scosse che dal secondo dopoguerra hanno colpito la Sicilia, la Campania, il Friuli, le Marche, l'Abruzzo. Poi nel maggio 2012 abbiamo scoperto - tra Modena e Mantova - che anche quelle terre non sono al riparo dalle scosse telluriche, dai crolli e dai morti. Con dolore, con stupore.

Ecco, qualcosa di simile è avvenuto in Italia per quel che attiene alle felicità dichiarata: nel 2011-2012 essa è caduta all'improvviso, coinvolgendo aree e soggetti prima solidi, sicuri. Una serie di onde sismiche ha **cambiato il panorama sociale, di colpo**: come nel 1917 il fronte ha ceduto, di schianto, con una seconda rotta di Caporetto.

Cosa è successo? Sino al 2010, per decenni, **la percen-**

tuale degli Italiani che si definivano **felici era** - di sondaggio in sondaggio - pressoché **fissa**, 'ballando' attorno al 39% dei 18-74enni: la percentuale di coloro che davano voti da 8 a 10 alla soddisfazione circa la propria vita facendone il bilancio complessivo. E la quota degli assai felici risultava, appunto, insensibile al ciclo: da molti decenni non calava nelle fasi di recessione e non cresceva nelle fasi espansive; né, ovviamente, valeva l'inverso, come sognava qualche sciocco *fan* della presunta 'santa povertà'.

Poi, tutto è saltato: **dall'inizio del 2011 il termometro della felicità ha cominciato a scendere**, sempre più **velocemente**. A metà 2012 gli infelici integrali sono aumentati dal 12% di due anni prima sino al 17%; gli individui con una vita senz'infamia e senza lode si collocano al 35% (erano il 29%); i semi-soddisfatti, non infelici più che felici, risultano pressoché stabili (19%); i davvero appagati dell'esistenza, per la prima volta dal 1981 (quando avviai le mie indagini demoscopiche sul tema), sono crollati dal 39% al 29%. Insomma, l'area sociale connotata dalla piena gioia di vivere ha perduto più d'un quarto dei propri effettivi in meno di un triennio: un fenomeno inedito e drammatico.

La nuova Caporetto

I nostri connazionali si sentono male, sempre peggio. Se si chiede loro di definire la condizione economica propria e dei propri cari la risposta è netta e cupa: all'inizio del **luglio 2012** ben il **70%** degli intervistati ha affermato **"le cose vanno male o malissimo"** (specie i giovani e gli anziani, i residenti nel Lazio e al sud, i lavoratori autonomi e i salariati con le casalinghe e gli studenti/inoccupati, i membri di famiglie numerose). E la situazione sta continuamente peggiorando, come segnala il Monitor che ogni mese (salvo agosto) AstraRicerche realizza intervistando 1.000 Italiani (un campione rappresentativo della popolazione adulta residente): nel gennaio 2010 - 15 mesi dopo il fallimento della Lehman Brothers e passato il primo anno intero di recessione - la percentuale degli insoddisfatti dei propri redditi/risparmi/consumi/tenore di vita era ancora, seppur di poco, minoritaria (48%), mentre il passaggio dal lento calo al vero e proprio tracollo s'è avviato nel giugno 2011 (quando la quota di scontenti fu 'solo' del 55%).

Il **tonfo dei consumi** è stato violento, almeno nei vissuti collettivi e nelle risposte ai sondaggi. Già nella prima metà del 2011 il 77% dei nostri connazionali dichiarava di aver ridotto le proprie spese, in quattro casi su sette non di poco. A fine 2011 il 72% prevedeva di ridurle ancora nel 2012, sia in generale, sia - quel che più conta - in relazione a tutte le 22 categorie di prodotto oggetto d'investigazione, incluso il comparto cellulari/*smartphones*/*tablets* (la forte crescita di questi ultimi non controbilancia il calo dei primi). A metà 2012 il 59% riferiva di sempre meno beni e servizi acquistati, il 40% di veloce *shift* verso fasce più basse di prezzo, il 52% di cospicui 'tagli' sulla qualità dei prodotti comprati. Non c'è da meravigliarsi: in quel momento coloro che segnalavano contrazioni significative del proprio reddito familiare risultavano il triplo di chi parlava d'un suo (pur modesto) aumento; un anno prima erano il doppio; due anni prima risultavano equivalenti. D'altra parte, oltre il 60% diceva d'aver risparmiato meno che nel recente passato ed oltre il 55% lamentava il minor valore del proprio patrimonio a confronto con l'anno precedente.

Anche **il *mix* dei consumi** personali e familiari **si è modificato** rapidamente: già nel 2011 il 20% aveva dovuto ridurre gli acquisti dei prodotti necessari per vivere, quelli che soddisfano bisogni primari; ma la percentuale volava su al 57% se gli intervistati parlavano del calo riferito ai beni e servizi da loro ritenuti non essenziali ma 'piacevoli': insomma, un quinto del Paese non riusciva neppure ad attestarsi sulla linea del Piave, mentre quasi sei Italiani su sei dovevano rinunciare a molti o ad alcuni 'frizzi e lazzi'. Nel 2012 la situazione peggiora ancora: il 20% quasi disperato è salito al 30%, mentre i riducenti i piaceri materiali comprati nell'anno sono passati dal 57% al 73% (peraltro con incremento dei sensi di colpa se riescono a garantirsene alcuni o molti).

L'arretramento è palpabile: un'istantanea scattata da AstraRicerche a fine 2011 mostrava una popolazione adulta e anziana che solo per **il 25% afferma di vivere un'esistenza pienamente soddisfacente**; per il 37% è felice del tipo di vita che fa; per non più del 41% dice di aver sufficiente tempo libero; per solo il 49% si dedica a un lavoro o ad attività (dal casalingato al volontariato) davvero interessante; per un modesto 51% sostiene di fare una vera vacanza almeno una volta all'anno; per un appena maggioritario 52% è contenta di quel che ha.

Poi c'è il futuro atteso. Qui le previsioni autoriferite a breve termine appaiono anch'esse del tutto negative: **nel luglio 2012 gli Italiani pessimisti** - con riferimento a sé e ai propri cari - per i dodici mesi successivi all'intervista hanno superato il **61%**, con gli ottimisti vicini al 39%. La dinamica è pessima: all'inizio del 2010 i pessimisti 'valevano' il 37% e nel giugno 2011 il 56%. Né siamo di fronte a guai passeggeri: **secondo il 58% il quadro non migliorerà nei prossimi tre anni**; e neppure gli ottimisti autoriferiti a 20 anni sono la maggioranza (si fermano infatti al 44%). Con una conseguenza rabbrividente: il futuro - nel settembre 2012 - risulta felicitante solo per il 25%.

Dunque, il malato non si sente bene; afferma di star sempre peggio; prevede di non guarire né domani, né dopodomani, né nei prossimi due decenni: ma quel che qui interessa non è solo il *downgrading* economico quanto **la fine della speranza**, il senso di perdita prospettica. Si tratta d'una novità radicale nello storia post-bellica. Dagli anni '50 il Paese ha vissuto vari momenti duri ma ha sempre pensato che alla notte sarebbe succeduto il giorno, che dopo la tempesta sarebbe tornato il sereno, sulla base di una teoria dei cicli magari ingenua ma ogni volta confermata, tanto che anche la percentuale dci dichiarantisi felici per decenni s'è mantenuta sostanzialmente stabile. Dal 2011 non è più stato così, con forte impatto anche sulla felicità. Da un lato, il crescere della disoccupazione adulta e dell'inoccupazione dei giovani, il ridimensionamento - a volte drastico - dei redditi e dei risparmi, il calo della protezione del *Welfare* (massimamente quello comunale), le perdite patrimoniali per chi possiede case o titoli/obbligazioni/quote di fondi/ecc., l'incremento (seppur limitato) dell'inflazione e (maggiore) della pressione fiscale e parafiscale, ecc. hanno favorito la contrazione di coloro che danno voti da 8 a 10 alla propria soddisfazione esistenziale. Dall'altro lato, un calo quasi doppio è stato determinato dal 'furto di futuro' sofferto da tanti.

La crisi e la sua improvvida gestione psico-culturale hanno determinato in circa i due terzi degli Italiani **varie conseguenze non materiali**:

- s'è affermato un senso di totale impotenza sia nella comprensione dei fenomeni e delle loro cause (presso il 64% dei maggiorenni), sia specialmente nella convinzione di poterli - almeno in parte - controllare e gestire (per ben il 78%)

- sono calate di circa un quarto sia l'auto-stima (la fiducia in sé e nelle proprie doti) sia l'auto-efficacia (la convinzione positiva di disporre di capacità e competenze tali da favorire il raggiungimento attivo dei propri obiettivi)

- nel contempo è 'volato su' (per il 69%) il senso di abbandono collettivo, poiché s'è consolidata la convinzione che ciascuno sia lasciato solo di fronte ai rischi e alle minacce, a seguito del progressivo indebolimento dei sistemi di protezione così come dall'assenza di ogni sostegno psicologico e simbolico alla popolazione, dell'empatica comprensione delle sue difficoltà

- i governanti sono passati dal precedente 'cattivo ottimismo' (falso e strumentale o irrealistico ed irresponsabile, comunque illudente e de-responsabilizzante) a un nuovo stile di *leadership*, in senso stretto 'ammalante' (in quanto incapace di capire e motivare i cittadini quali 'risorse umane' preziose, da difendere e utilizzare per qualunque progetto di sviluppo civile e anche economico): il risultato, per certi versi paradossale, è stato il diffondersi della depressione paralizzante e dunque un ulteriore aggravamento della crisi, appesantita da una sorta di *psychological spread* (con estensione del divario d'ottimismo tra l'Italia - in passato uno dei Paesi meno pessimisti - e gli altri popoli, salvo i greci e gli spagnoli); di più, l'esecutivo guidato dal neo-senatore a vita Monti all'inizio del settembre 2012 ha potuto 'vantare' un rapporto (il peggiore della storia post-bellica conosciuta) di quindici a uno tra coloro che lo reputano creatore della propria infelicità rispetto a quelli che lo giudicano per sé felicitante.

Una conferma viene dall'analisi dei **sentimenti** che i nostri connazionali - intervistati da AstraRicerche a metà 2012 - dicono di provare **nei confronti della crisi**. Certo, il 2% si racconta estraneo, non coinvolto; più del 2% si dice del tutto indifferente; il 7% la nota ma si considera fortunato o addirittura privilegiato. Una piccola minoranza, pari al 2%, ne è soddisfatta: non per sadica ferocia ma in quanto reputa che dalla marcescenza del modello di sviluppo non potranno che derivare esiti positivi, persino un balzo in avanti in termini di civiltà. Alcuni, poi, soffrono la crisi ma la vivono come una sfida vincibile e parlano di volontà e capacità di reagire (14%), di fiducioso ottimismo (12%), di calma e serenità (6%), di solidità e forza (4%): tra costoro, dunque, l'ansia non è paralizzante e il futuro mantiene - controtendenza - le sue *chances*. Ma la netta maggioranza verbalizza vissuti negativi: il 43% cita acute preoccupazioni e ansie divoranti, il 24% rabbia furiosa, il 18% cupo pessimismo, un altro 18% dilacerante infelicità, il 16% tristezza e depressione, il 10% angosciante disperazione, infine il 9% sfortuna e iniqua penalizzazione. In sintesi: verso la crisi, se il 17% risulta caratterizzato da atteggiamenti positivi e il 12% da indifferenza o ambivalenza, il dominante 71% prova emozioni assai negative.

Di più: in quattro anni coloro che sostengono di essere

fortemente stressati, con impatti rilevanti sul proprio *mix* di salute/benessere/serenità/felicità, sono passati da 7.2 milioni a 15.9 milioni. E che lo *stress* c'entri con gli aspetti materiali della vita è documentato dalle motivazioni indicate dai soggetti coinvolti: il 68% evoca la crisi economica, il 63% l'impossibilità di risparmiare per avere una protezione futura, il 57% l'insufficienza del reddito per sostenere le spese ordinarie e il 52% per affrontare le spese sanitarie attuali o previste, il 56% il lavoro assente o inadeguato. Tutto il resto conta meno: da come va il mondo (citato dal 50%) ai guai sentimentali o familiari, dai vicini o dai bambini che tirano scemi di giorno e non fan dormire la notte sino al degrado dei rapporti umani, ecc..

Tutto ciò si connette pure – presso due terzi degli Italiani – con **la perdita della serenità**, causata dalla scomparsa (specie in epoca recente) di 12 certezze: quelle religiose, ideologiche e politiche (nessuna delle quali orienta più di un terzo della popolazione); quelle riferite alle istituzioni; quelle economiche, finanziarie, occupazionali (e qui la crisi ha avuto un effetto devastante); quelle normative, attinenti alle leggi e alle loro interpretazione e applicazione. Tutti ambiti pubblici o semi-pubblici, si dirà: ma anche il 'privato' è investito da una corrosiva incertezza, il che avviene se si parla di ciclo di vita (non si sa più quando iniziano e quando finiscono l'infanzia, l'adolescenza, l'adultità, la maturità, la vecchiaia); di famiglia e di relazioni tra le generazioni; di rapporti tra i sessi e - più in generale - di identità di genere. E a cavallo tra pubblico e privato gioca negativamente la percezione di 'tradimento' del patto sociale che è stato alla base della vita degli Italiani dagli anni '50, garantito dal *Welfare* sui terreni-chiave della previdenza, della salute, dell'assistenza, della scuola, della sicurezza, ecc.: tale percezione, riferita dal 64% degli adulti e degli anziani, contribuisce assai alla crescita del disorientamento collettivo, che - ecco una novità - sta riducendo il peso d'una specifica 'cultura dell'appagamento esistenziale', quella appunto fondata sulla serenità, sull'assenza dell'infelicità, su un po' di pace rassicurante.

Non è solo un problema di destini personali: è lo stesso **rapporto con l'Italia** - percepita sempre meno madre, sempre più matrigna - ad essere **messo in discussione**. Un'indagine demoscopica inedita, condotta da AstraRicerche nel giugno 2011 (nella fase finale dell'ultimo governo Berlusconi) tramite 1.000 interviste a un campione rappresentativo della popolazione italiana 18-59enne, mostrò che ben il 22% affermava di voler lasciare definitivamente il Bel Paese e il 15% desiderava farlo per alcuni anni, col 16% incerto se andarsene o restare ("a seconda dei giorni, dei momenti"). Senza dubbio, in parte si trattava di indignazione specifica per la pornocrazia o di mere chiacchiere, magari frutto di arrabbiature momentanee (e, come sempre, tra il dire e il fare c'è di mezzo il mare): ma colpiva, specie nel 150° anniversario dell'Unità, la morte della fiducia nei destini dell'Italia, derivante da una vera e propria de-identificazione di massa (pur escludendo dal conto gli individui desiderosi di fare esperienze di studio o lavoro altrove, gli emigranti per amore, ecc.).

Gioca, in verità, una diffusa certezza: **il Paese è già in *default*.** Al di là dello *spread*, delle valutazioni delle agenzie di *rating*, della permanenza nell'euro e dell'euro. La netta maggioranza degli Italiani maggiorenni (61%) sa o 'sente' che non facciamo più parte del gruppo degli Stati forti e avanzati, dal momento che sono state superate (in discesa e spesso da tempo) 14 soglie-chiave, riguardanti:
- il divario territoriale nord-sud
- la distribuzione della ricchezza: iper-concentrata, troppo spostata a favore dell'economia criminale o illegale oltre che delle rendite e dei profitti delle imprese 'protette', ormai deprimenti i consumi e gli investimenti, gli incrementi di produttività, specialmente la 'tenuta' e il consenso sociali
- la cultura e la pratica della legalità: con peso

esorbitante e crescente dell'illegalità pervasiva, della criminalità organizzata (non più limitata ad alcune regioni), dell'evasione fiscale, dei costi della cleptocrazia, della diffusione dell'arbitrio e della sopraffazione (persino dichiarate e vantate) senza controlli e sanzioni

- le infrastrutture: specie sui terreni della scuola, della sanità e della mobilità (delle persone, delle merci, delle informazioni)

- la semplicità normativa: con l'elefantiasi contraddittoria dei sistemi normativi, comportante insopportabili costi diretti e indiretti

- gli investimenti: da tempo con grave *deficit* di quelli pubblici e privati, endogeni o richiamati dall'estero

- la formazione e la qualificazione delle risorse umane: anzitutto per la loro sottovalutazione, i troppo bassi investimenti nel 'capitale sociale', la penalizzazione della scuola pubblica

- la protezione (pensionistica, assistenziale, sanitaria, ecc.): in riduzione e in perdita di qualità

- la sicurezza percepita, specie per quel che attiene alla micro-criminalità

- la credibilità delle istituzioni e dei *leaders*, in

ogni settore e a ogni livello: con tracollo della fiducia e con conseguenti perdita di senso, calo della progettualità, 'privatizzazione' dei comportamenti, diffondersi dell'anomia

- la qualità delle relazioni personali: lamentate in via d'impoverimento, con 'barbarizzazione' di molti comportamenti quotidiani
- la convergenza psico-culturale: in contrazione per l'estendersi dei macro-divari tra gli individui e tra i gruppi sociali (serenità *versus* ansia, ottimismo *vs* pessimismo, auto-stima *vs* colpevolizzazione, attivazione *vs* passività, 'apertura' *vs* 'chiusura', inclusività *vs* discriminazione, multiculturalismo *vs* xenofobia, ecc.)
- il senso di appartenenza: per il logoramento dell'identificazione positiva e a volte orgogliosa con la comunità nazionale
- la coesione: per il diffondersi e l'intensificarsi della depressione o della rabbia collettive, con percezione di una lunga decadenza senza riscatto.

L'avvenuto *default* del **Paese** - multiplo e comunque non solo economico-finanziario - risulta **percepito** appunto **dal 61%** dei nostri connazionali (il 18% lo nega, il 17% ne è convinto solo in parte, il 4% non sa pronunciarsi in merito). Ed è destinato a persistere per almeno 6-7 anni per il 53%, ossia per i due terzi di chi lo ritiene in atto in tutto o in parte.

E il **futuro dell'Italia**? Solo il 18% crede a un miglioramento nei dodici mesi successivi all'intervista. Se poi si allarga lo sguardo al prossimo decennio - ossia sino alla metà del 2022 - gli ottimisti raddoppiano al 36% ma restano minoritari, pur se il rapporto tra negativi e positivi scende da più di 3 a 1 a poco più di 1 a 1.

Alcuni motivi di tale fenomeno hanno a che fare anche con una convinzione diffusa: **l'immagine del Bel Paese nel mondo s'è assai indebolita** dall'inizio del nuovo millennio (lo sosteneva alla fine dell'era berlusconiana il 79% dei maggiorenni: il recupero percepito dopo nove mesi di governo Monti è di pochissimi punti percentuali, vicino alla non significatività statistica). E - quel che più conta - gli intervistati provano **sentimenti nei confronti dell'Italia** per il 60% **eccezionalmente peggiorati** (il 5% si esprime in senso opposto mentre il 35% riferisce d'una sorta di stabilità oppure della compresenza di vissuti in parte peggiorati e in parte migliorati). Il dettaglio delle risposte è sconvolgente: pensando all'Italia e a com'è governata, rispetto a qualche anno fa il 49% dice di provare più delusione, il 42% più vergogna, il 39% più schifo, il

33% più disagio, un identico 33% più tristezza, il 28% più dissenso, il 21% più disperazione, il 19% più rifiuto, il 12‰ più odio, l'11% più nostalgia del bel tempo che fu; e, se il 23% parla di accresciuto menefreghismo e il 5% d'invarianza, unicamente il 5% verbalizza accresciuti apprezzamento e/o amore e/o orgoglio, il 4% incrementate ammirazione e/o passione e/o gioia, il 3% maggiori entusiasmo e/o identificazione.

Il recente passato, il presente e il futuro (di breve e medio e lungo periodo) si sono, dunque, gravemente 'ammalati'. Con una conseguenza, tra tante: secondo la nostra gente, **il meglio della vita nazionale è alle spalle**, la storia italiana sta camminando all'indietro, come un triste gambero. Lo conferma un'indagine demoscopica svolta da AstraRicerche nella prima metà del 2011 intervistando 1.000 persone, un campione rappresentativo dei nostri connazionali ultra17enni: ebbene, alla richiesta di fare un confronto tra l'Italia odierna e quella degli anni '50 (ricordata dai vecchi o sentita raccontare o vista rappresentata dagli altri), il 4% s'è detto non in grado di pronunciarsi, il 36% ha parlato d'un miglioramento, l'11% ha sostenuto che ora siamo tornati al punto di partenza, il 49% s'è detto certo che le cose siano complessivamente peggiorate. Certo, il Paese è divenuto - ma mai per la maggioranza - più tecnologico (per il 43%), agiato (27%), informato (22%), moderno (20%), 'aperto' (19%), ricco (17%), valorizzante le donne (15%), con persone belle (15%), democratico (14%), sano (9%); epperò appare connotato da più solitudine (38%), più egoista (38%) e meno vivibile (33%), con minori speranze (31%), più ansioso e angosciato (30%), meno amato dai suoi abitanti (29%), più mafioso e dominato dalla criminalità organizzata (29%), più ingiusto per le accresciute disuguaglianze (28%), meno allegro (26%), meno unito (24%), più infelice (24%), più immorale (23%). So bene (me ne sono occupato in un libro sulla storia sociale dei consumi dal 1951 al 2011) che le cose, almeno per certi versi, non stanno così: ma, pure in questo caso, contano le percezioni collettive, le quali raccontano sì d'un'impropria idealizzazione del passato ma narrano anche delle miserie del presente, della perdita dell'orgoglio retrospettivo e della speranza nel futuro.

Meno felici, diversamente felici

Dunque, con la Caporetto contemporanea il fronte del Paese è arretrato, ruinosamente. E sulla linea del Piave esso conta le perdite: non solo è assai meno felice (-26%) ma ha **cambiato la classifica degli aspetti della vita che gli danno piena soddisfazione.** Vediamola, a confronto con quella precedente (del 2007):

-   il contesto resta all'ultimo posto ma accresce il suo ruolo di *unhappiness maker*: basti dire che l'88% afferma che la situazione italiana gli dà infelicità, il 77% l'Europa, il 68% il mondo; peraltro, il capitalismo – basato sulla proprietà privata – è ritenuto felicitante dal 4%, il sistema economico italiano dal 6%, il governo Monti dal 2%

-   scendono vari scalini e crollano in termini di gratificazione il risparmio e gli investimenti, che ormai 'funzionano' bene solo per il 23%; il reddito personal-familiare, i consumi, il tenore di vita (positivi per il 29%); il lavoro (32%: conta trovarlo o conservarlo e che sia non incerto, non sottopagato, non rischioso per la salute, dignitoso, valorizzante competenze e talenti)

-   un po' al di sopra - come in passato ma con

valori lievemente decresciuti - troviamo la serenità (felicitante per il 34%); il moto, le attività fisiche e sportive (34%); il tempo per sé (34%); l'impegno sociale e civile (34%: stabile); i viaggi non obbligati (35%); lo studio (36%)

- più in alto in classifica ma pagando alla crisi un prezzo salato ecco gli amici e le amiche (41%: un quarto in meno di cinque anni prima); l'alimentazione (41%: per la prima volta minoritaria dall'inizio degli anni '80); i divertimenti e gli *hobbies* (42%: vale la medesima osservazione); la propria casa (49% di elevata gratificazione ma diciassette punti in meno del 2007); la salute (54%: con dodici punti persi in un lustro).

Tutto peggio, quindi? No, dal momento che **alcuni aspetti felicitanti** appaiono **in crescita**: la città o il paese di residenza (26%: tre punti in più); le persone frequentate (47%: quattro punti in più); la propria autonomia/indipendenza (48%: cinque punti in più, con un incremento concentrato tra le donne e gli anziani); il sesso (49%: quattro punti in più); l'amore (52%: sei punti in più); i rapporti con gli altri (53%: tre punti in più); la famiglia (62%: due punti in più); specialmente i propri valori e ideali (66%: addirittura quattordici punti in più).

La situazione sulle sponde del Piave è dunque chiara: il 23% degli Italiani lamenta di avere nessuna o pochissime ragioni per essere felice, il 26% ne indica poche, il 31% alcune, solo il 20% molte o moltissime. Ma il 51% che se la cava discretamente o bene era il 63% prima di Caporetto. In effetti, la gente si sente assediata, impoverita, più triste, più sola (colpisce il dato riferito alle amicizie), meno allegra (persino nel rapporto col cibo e con le bevande), più stressata e 'malestante' (altro che benessere e *wellness*!). Un po' di **appagamento esistenziale si concentra nel 'privato'**, che in parte - anche a confronto coi disastri in altri campi - guadagna terreno, focalizzandosi sull'amore e pure sul sesso, sulle relazioni interpersonali, su di sé e sulle proprie capacità di auto-governo. Soprattutto dà spazio ai valori immateriali, agli ideali prescelti, alle passioni, all'etica: una risposta che può sorprendere sia gli scettici circa la moralità di questo nostro popolo, sia i convinti che le crisi economiche rilancino 'le ragioni della pancia' (il *primum vivere, deinde philosophari*), ma che diviene chiara sol che si rifletta sul **privilegiamento** - operato da tanti Italiani - **di ciò che è comprensibile, controllabile, gestibile** (un'opzione forse obbligata ma realistica, seppur basata - come sul Piave - sull'arretramento e sulla restrizione del fronte).

Il Piave mormora

Di fronte al tracollo come reagisce il Paese? Partiamo dai **consumi**, ricordando che la rotta di Caporetto fu preceduta da continui assalti e cannoneggiamenti nemici, di fronte ai quali le nostre truppe si erano attrezzate prendendo le consuete contromisure. Ciò è avvenuto - fuor di metafora - anche per i consumatori italiani, da anni immersi nella fine della crescita, col progressivo (in genere lento) peggioramento delle proprie condizioni di vita: già **dal 2002**, infatti, le indagini di AstraRicerche hanno iniziato a segnalare il sempre più diffuso **ricorso alle tradizionali tecniche di difesa** messe in atto dai nostri connazionali negli anni di 'vacche magre'. Ricordiamo le principali:

- rinuncia a comprare prodotti ritenuti secondari o superflui
- dilazione dell'acquisto di beni 'grossi' e cioè comportanti esborsi rilevanti (la casa, l'auto, un elettrodomestico)
- diminuzione della frequenza d'acquisto di servizi 'piccoli' o 'medi' (tra i primi il caffè al bar, una serata al cinema o in pizzeria, ecc. e tra i secondi i mesi d'allenamento in palestra, i cicli di sedute dall'estetista, i viaggi, ecc.)

- spostamento verso prodotti di prezzo inferiore, anche tramite il monitoraggio più accurato delle diverse offerte distributive, delle *private labels*, delle promozioni, ecc.
- ricorso sistematico a punti-vendita più convenienti (*discounts*, mercati ambulanti, grandi superfici specializzate, spacci, *outlet*, *Internet*, ecc.)
- creazione di gruppi d'acquisto
- ritorno al ri-uso, all'autoproduzione, al baratto

e così via, con il solito *mix* d'italica creatività, di *tam tam*, di utilizzo innovativo del *Web* (per alcuni pure con ricorso alla carità, alle mense dei poveri, ecc.).

Per anni abbiamo monitorato tali comportamenti difensivi, che (a parte *Internet*) avevamo già osservato durante le precedenti fasi di recessione o stagnazione: dominava il *déjà vu*, seppur - dopo il 2007 - con la doppia aggravante dell'inedita diffusione di quelle soluzioni così come del contrarsi del ricorso ai risparmi per attutire la caduta delle spese della famiglia. Poi, **dalla metà del 2011**, il *crac*: già a settembre abbiamo capito che i metodi 'classici' di resistenza degli Italiani, all'insegna del lento arretramento, non bastavano più. Cos'è successo di nuovo? Circa la metà del Paese ha smesso di resistere e - di mala voglia - ha ceduto molto terreno, riducendo l'area presidiata, rinunciando a ogni ipotesi di riconquista delle posizioni, abbattendo le aspettative: in sostanza ha **mutato il** proprio **'modello di consumo'** e con essa molte abitudini consolidate (i cosiddetti *shopping habits*). Non - si badi bene - sino alla fine della recessione, se e quando ci sarà il promesso ritorno alla crescita: no, per sempre, **definitivamente**. In effetti, piaccia o no (e naturalmente a molti politici o 'tecnici' e ai *marketers* la cosa non piace), qualcosa di profondo s'è rotto nel meccanismo: il 58% degli abitanti del Bel Paese sa e dice che niente sarà come prima, che la festa è finita, che il futuro non sarà un ritorno al (e del) passato. Qui la forzata associazione a Caporetto non vale più: verso la fine della prima guerra mondiale l'Italia e i suoi alleati riuscirono a rovesciare le sorti del conflitto sino alla sconfitta degli eserciti austro-tedeschi; stavolta - secondo la maggioranza della nostra gente - non ci sarà alcun proclama del generale Diaz ("La guerra… è vinta… I resti di quel che fu uno dei più potenti eserciti del mondo risalgono in disordine e senza speranza le valli che avevano disceso con orgogliosa sicurezza…"). Semplicemente questa guerra è perduta: prima lo capiremo e meglio sarà, perché più in fretta ci daremo nuovi obiettivi trasformando il *default* già avvenuto in uno sviluppo inedito.

Un Paese frammentato

Nel fuoco della crisi il **Paese** non si è unito: si è disarticolato, anche per l'eclisse della politica. Ora risulta **ripartito in cinque gruppi** (tecnicamente detti *clusters*). Esaminiamoli uno per uno, seppure supersintetizzandone il profilo:

- il primo è il più piccolo (pesa un po' meno del 15% degli ultra17enni) e il più preoccupante: esso sa a rischio o ha perduto le capacità di produrre reddito e spesso vede non più garantiti lo svolgimento dei ruoli tradizionali (inclusi quelli domestici), l'abitazione, le relazioni interpersonali cruciali; non ha alcuna possibilità di controllare e 'governare' la propria vita; si sente in un *cul de sac* senz'uscita; è preso dalla disperazione destrutturante, a volte potenzialmente violenta o suicidaria

- il secondo, pari a un quasi doppio 34% della popolazione italiana residente, è caduto in depressione, basata su un profondo senso di sconfitta sociale e personale, sulla scomparsa di fiducia e speranze, su un'acuta infelicità senza auto-stima, su una sorta di semi-paralisi che si traduce in calo della produttività (non solo nel lavoro) e in rinuncia a progettare il futuro

- il terzo tipo, di poco superiore al 20%, è caratterizzato da un forte incremento delle pulsioni aggressive - spesso incontrollate e a volte rivendicate come giuste - in più ambiti-chiave: le relazioni interpersonali (in famiglia, a scuola, nei luoghi di lavoro, nei luoghi di svago, nella mobilità, ecc.); i rapporti con le minoranze; il lavoro; gli scambi con le istituzioni (inclusi il Welfare, il fisco, la burocrazia): qui si osservano sia sane forme di reazione pugnace ai molti aspetti inaccettabili della realtà vissuta, sia accessi - a volte pericolosi e persino omicidi - di violenza (con grande prevalenza dei maschi)

- il quarto raggruppamento, vicino all'11%, si dichiara indifferente, non coinvolto e non interessato: un po' per privilegio egoista; un po' per denegazione della gravità della crisi; molto per disprezzo verso i *mass media* ritenuti poco credibili, le autorità non autorevoli, le istituzioni odiate, le norme irrise e non applicate

- il quinto *cluster*, che conta per il 20%, non nega le difficoltà nelle quali è spesso coinvolto, ma si differenzia da tutti gli altri gruppi per la scelta di attivarsi al fine di contribuire - personalmente e concretamente - alla nascita di una nuova Italia:

il che fa testimoniando un *set* valoriale diverso da quelli dominanti; resistendo al degrado (etico, culturale, istituzionale, politico, economico, sociale); lavorando duramente; aderendo a volte a micro-comunità alternative (con forti valori condivisi e modelli di comportamento 'contro-culturali', auto-organizzate, orizzontali e 'coopera-tive', sempre più spesso nate o cresciute sul *Web*).

Al di là della frammentazione, **il grosso della società nazionale** condivide comunque alcune opzioni. In sintesi: arretra, riducendo e in parte modificando le aspettative; si sposta, riposizionandosi e mutando *focus* e obiettivi; cerca di sottrarsi al potere, prescin-dendo - laddove e quando può - ai suoi *diktat*; recupera dal passato collettivo alcune risposte alla sfide dell'am-biente minacciante; cerca opportunità inedite. Con ciò ricorre alla millenaria arte italica dell'arrangiarsi e comunque **mostra la propria cospicua resilienza**: la flessibile capacità di assorbire le botte, di piegarsi senza spezzarsi, di resistere con elasticità.

Gettiamoci nel gorgo dei termini inglesi: l'Italia mixa sia *downgrading* (impoverendosi, riducendo i consumi, arretrando); sia *downsizing* (rimpicciolendo le attese e le pretese, giocando più in piccolo); sia infine *repositioning* (spostandosi rispetto ai tradizionali assi o vettori di sviluppo). E diviene sempre meno nazione, per il crescente prevalere del policentrismo non coordinato, del pluralismo di appartenenze ad ambiti d'azione a geometria variabile: l'Italia spesso torna ad essere un'espressione retorica, dopo i disastri del cattivo federalismo e dell'odio anti-unitario, della delegittimazione delle istituzioni, dell'europeismo zoppo e contestato. Non che prevalgano le istanze secessionistiche, le mistificazioni pseudo-padane e magari neo-borboniche: no, il tutto si limita al **trionfo dei micro-territori tradizionali** e all'emergere **di nuove comunità** (e *communities*) trasversali rispetto ai confini d'ogni tipo.

Scemano, comunque, le comunità organiche a favore dei *networks* (informali e non) basati su valori condivisi, sullo scambio veloce di informazioni ed esperienze, sul mutuo aiuto, sulla provvisorietà (specie per gli *one issue movements* che si mobilitano transitoriamente per il raggiungimento d'un obiettivo singolo e concreto). La nazione si riduce a fondale e a qualche momento - anzitutto sportivo - di unità emozionale: indebolita dalla crisi, resta un orizzonte debole, nebbioso, spesso incapace di dare senso d'appartenenza e orientamento.

E la felicità, che fine ha fatto? È presto detto: è diminuita assai, per la prima volta da molti decenni, e specialmente ha iniziato a cambiar natura. Come abbiamo visto, coloro che si dichiarano davvero felici sono crollati dal 39% al 29%; e - nella rotta della seconda Caporetto - **si sono contratte alcune 'culture della felicità'**: quella dell'*excitement* e quella - opposta - della pace a-conflittuale, mentre si è estesa assai la convinzione che la felicità non possa venire dall''esterno' (divenuto assai più minaccioso) o dal Caso (esso stesso diventato meno benevolo) ma vada costruita da ciascuno di noi. È interessante notare, infatti, che la crisi incide negativamente sulla felicità ma, nel contempo, rafforza il desiderio di crearla o rafforzarla, di controllarla senza farsi troppo sballottare dagli eventi e dagli altri: anche di questo parliamo quando evochiamo la resilienza del nostro popolo, del resistere cambiando e tentando - quando è possibile - di riappropriarsi del proprio destino.

Con due aggiunte. La prima riguarda **il consenso al capitalismo**, alla formazione economico-sociale fondata sulla proprietà privata, che **ha perso** velocemente **favore collettivo**, come dimostra il fatto che essa viene associata alla personale infelicità da più del quadruplo di coloro che – all'opposto – la giudicano matrice di appagamento esistenziale: il tutto aggravato dalla percezione di disfunzionamento del nostro sistema economico, talmente grave da far sì che esso sia ritenuto infelicitante da una quota di Italiani ben otto volte maggiore di quelli che dicono il contrario.

La seconda ha a che fare con un fenomeno in parte nuovo: di fronte alle durezze della vita e al fallimento delle soluzioni *hard* (secondo molti anche del 'modello maschile' di gestione dell'esistenza) la netta maggioranza del Paese (59%) privilegia **ora** la **ricerca della** *soft happiness*, d'una felicità dolce e morbida, dunque assai lontana da quella connessa a un'impostazione dura, forte, competitiva, aggressiva, urlata. Trionfa (e permarrà a lungo) l'identificazione dell'appagamento con la tenerezza e la carezzevolezza, più in generale con l'affettività e l'umanità relazionale, con la moderazione e la misura, con un tono di voce non gridato. Qualcuno parla di trionfo dei 'codici femminili' e in effetti il 'traino' di questa macro-tendenza viene prevalentemente dalle donne o - meglio - dalle neo-donne, dato che i suoi *drivers* sono le 18-44enni, diplomate e laureate, che accedono a *Internet*. In ogni caso l'autorealizzazione soddisfatta oggi appare più connessa alla *softness* nel vivere, nel crescere e nell'invecchiare, nei rapporti con gli altri, nell'amare e anche nel fare l'amore, nel curarsi, nel cercar di migliorare il proprio aspetto.

Come essere 'felici malgrado' secondo le esperienze degli Italiani

Ho cambiato idea

Nel 2008 è uscito un mio libro, edito da Sperling & Kupfer, intitolato 'Come siamo felici. L'arte di godersi la vita che il mondo ci invidia': era basato sui risultati di decine di indagini sociali e di *marketing* (svolte tra il 2001 e il 2007 da AstraRicerche) e si fondava su una promessa che ora ho deciso di tradire. Scrivevo nell'introduzione al volume: "suggerisco di non darsi alla lettura a coloro che cercano un manuale per essere più appagati, come i cosiddetti *airport books* americani, i quali servono a passare qualche ora durante il volo *coast to coast* garantendo d'insegnare - per pochi dollari - le 50 mosse per perdere 20 chili in 2 mesi, le 30 regole d'oro per farlo o farla innamorare, i 40 consigli per parlare con gli angeli o gli extraterrestri, le 30 norme per diventare *happy*". E aggiungevo: "non troverete qui molti suggerimenti né conoscerete le mie idee in materia". Da allora mi sono attenuto a quell'impegno liberamente assunto: ora non più.

Perché? In quattro anni le cose sono mutate assai. Da un lato è molto cresciuta la sofferenza dei nostri connazionali (un fenomeno che, mese dopo mese, ho personalmente verificato, nel mio ruolo di ricercatore sociale, soffrendolo assai): ed è perciò che ho pensato che possa essere d'aiuto a qualcuno ricevere **alcuni stimoli per** riuscire a **divenire** (o a restare) **un po' più 'felice malgrado'**, in un momento in cui le gioie della vita tendono a contrarsi per molti, per troppi. Dall'altro lato, il 'tradimento' è stato propiziato da svariati lettori, che mi hanno sollecitato a passare dalla precedente diagnosi (che alcuni hanno lamentato "con troppi numeri") al *counselling*.

Ma il colpo finale è venuto, inatteso, da Lucio Chiappa, Marco Ferrari e Sergio Imbonati: i tre *partners* di **ecomunicare**, un'agenzia appunto di comunicazione (relazioni pubbliche, eventi e ora editoria digitale) che conosco e stimo da anni. Questi amici sono venuti alla carica proponendomi di scrivere questo libretto, il mio primo su supporto sia cartaceo sia elettronico. E, allora, ci provo: in parte riprenderò - alleggeriti e resi più orientativi (ma non severamente prescrittivi) - vari contenuti del lavoro precedente; in parte terrò conto delle mie esperienze di ricerca dal 2007 al terzo trimestre del 2012. E lo farò **in tre fasi**: prima indicherò i principali errori da evitare; poi descriverò le strategie utilizzabili per conquistare un po' d'appagamento esistenziale (sempre partendo da quel che dicono i nostri connazionali – ormai meno d'un terzo – che sostengono di esser davvero felici); infine proporrò qualche tema specifico di riflessione.

Otto errori da evitare

Da una decina d'anni studio gli Italiani che si dicono pienamente soddisfatti della loro vita e ho capito che, per cercar di godere le gioie dell'esistenza, è **meglio evitare aspettative non realistiche**, sapendo anzitutto cosa la felicità non è (o è solo per esigue minoranze) e tenendo conto delle esperienze altrui (non della mia: non sono un *guru*, non ho nulla da insegnare).

Il primo **errore** è **pensare di dover essere felici**: esserlo è solo una possibilità, non un obbligo. C'è chi non trova la felicità, mai. C'è chi la sperimenta in rari momenti. C'è, specialmente, chi vive il 'paradosso maledetto': se ti agiti per raggiungerla ne allontani il conseguimento. La conseguenza? Ha senso desiderarla e tentar di perseguirla ma senza diventar schiavo di tale pretesa, senza mirare a risultati concreti e misurabili. Ed è fallace ogni approccio di tipo manageriale, orientato alla massimizzazione dell'utilità: quello che ragiona in termini di definizione degli obiettivi, valutazione delle risorse, messa a punto della strategia, ottimizzazione dei processi, pianificazione e controlli, ecc.. La logica aziendale e la stessa 'economia della felicità' non funzionano: anzi, spesso sono dannose, controproducenti.

Il secondo **errore** è **credere che la felicità possa essere ordinata o imposta**. Ora, non può esistere una vera soddisfazione esistenziale 'a comando', coatta, obbediente a desideri altrui: essa è tipicamente personale, non attivabile su ordinazione. 'Sii felice!' è una pretesa insensata, manifestamente idiota, così come idioti (e in tanti casi feroci) sono stati i regimi politici che si sono posti l'obiettivo - irrealizzabile e persino mostruoso - di costringere i sudditi a essere e/o a dichiararsi felici. Il solo pensare, da parte di chiunque (per esempio dei genitori), che esista un altrui dovere d'essere felice è una nequizia psicologica o politica, una forma di violenza: e il diritto - previsto dalla citatissima costituzione statunitense - alla sua ricerca (non a essa in sé ma al suo perseguimento) si fonda sulla facoltà, da garantire a ogni *citoyen*, di decidere se desidera essere felice e in che modi, poiché nessuno è abilitato a decidere quale debba essere il 'progetto di sé' di un altro individuo.

Il terzo **errore** sta nel **credere che sia possibile sentirsi felice a comando**, facendo ricorso alla forza di volontà o a tecniche di auto-condizionamento. Senza dubbio esistono modalità e azioni in grado di favorire il rilassamento, di promuovere l'auto-consape-volezza, di indurre positive esperienze emozionali e/o intellettive, di facilitare più elevati livelli di benessere psico-fisico e - con esso - la riduzione di alcuni ostacoli che spesso si frappongono sulla via che ci interessa. Ma non esistono bottoni da schiacciare, leve da tirare, trucchi da realizzare per passare automaticamente alla felicità: chi lo crede perde tempo e resterà deluso; chi lo lascia credere è un illuso o - peggio - uno spacciatore di illusioni, magari a pagamento. Una variante di tale **errore è supporre che la felicità possa essere un prodotto** e che perciò si venda e si compri: è, invece, una condizione esistenziale, uno stato d'animo, spesso un attimo o un breve momento. Ma, essendo un bisogno assai diffuso, determina un'offerta gigantesca di presunte soluzioni: gran parte del *marketing* contemporaneo si basa, infatti, su fallaci promesse di felicitazione, col risultato che - poiché le aziende non riescono a soddisfare le richieste - il *marketing* deve passare a nuove promesse, senza requie, all'infinito, sempre alla ricerca dell'impossibile miracolo (col che la sua strutturale impotenza diviene delirio di onnipotenza, col continuo spostamento in avanti d'un confine da superare, che non potrà mai esser toccato e valicato). Allora, meglio imparare a preferire il processo e non il prodotto (quest'ultimo è finito, il primo è 'aperto'); l'esperienza e non le cose (che sono oggetti materiali, mentre l'altra è un flusso); le relazioni e non gli oggetti (senz'anima, mentre i rapporti sono vivi e cangianti); il provare e non il riuscire (il secondo finisce, il tentare è reiterabile). Al fondo, l'efficienza economica è prevalentemente concreta, quantitativa, oggettuale, ascendente; la felicità, invece, è per lo più intangibile, qualitativa, relazionale, non verticalizzante.

Il quarto **errore** consiste nel **concepire la felicità come totale**, pervasiva, perfetta, sferica. Invece essa è quasi sempre parziale: un po' perché, pure nei periodi migliori, varie facce del nostro poliedro esistenziale sono negative o comunque non appaganti; di più perché attorno a noi osserviamo o immaginiamo fatiche, dolori, tragedie altrui da cui è difficile prescindere; ancora di più perché la perfezione non è - davvero - di questo mondo. In effetti, possiamo mirare a essere un po' più soddisfatti del nostro bilancio complessivo ma non totalmente, se non in brevi attimi; anzi, il perseguimento della *full happiness* è di solito garanzia d'insuccesso, mentre le probabilità maggiori si hanno cercando un qualche incremento, un miglioramento. D'altra parte, se davvero la perfetta felicità fosse conseguibile, il suo raggiungimento diverrebbe limite a se stesso: i benefici tenderebbero - più o meno rapidamente - a degradare sino a scomparire, riportando l'individuo al punto di partenza, magari solo più stanco e deluso. Infine, sono rare (e a volte controproducenti) le forme della felicità 'fusionale', che deriverebbero - dicono i suoi teorizzatori - dall'immedesimarsi, dal 'perdersi' in una realtà ben maggiore (Dio per i mistici, l'Essere per lo zen, la Natura o il suo spirito per i panteisti, per non parlare della rinuncia all'identità personale in certe manifestazioni totalitarie di massa, ecc.).

Il quinto **errore è pensare che la felicità sia duratura**. Essa, invece, non solo è parziale e imperfetta, per certi versi sghemba: è anche provvisoria. Giocano qui i variegati casi della vita, gli *choc* esogeni o l'irrequietezza endogena (quella singolare caratteristica di tante persone che le spinge a cambiare comunque, anche a scapito della vita buona o bella); contano, più in profondità, l'incertezza della condizione umana e la correlazione inversa tra intensità e durata delle passioni, che si protraggono a lungo se deboli mentre spesso si bruciano se forti e coinvolgenti. Con una conseguenza: se la felicità è transitoria e volatile, conviene non desiderarla 'per sempre' e misurarsi invece con i 'su e giù' dell'esperienza umana ("così è la vita"...), ritrovando la sua verità proprio nell'imprevedibile alternanza di alti e bassi.

Il sesto **errore è supporre che esista una sola felicità**: monadica, semplice, sempre uguale a se stessa. È vero l'opposto: le gratificazioni nella vita sono – alle radici – plurime. Ne esistono tanti tipi, diversi e anche incompatibili. Vanno cercate in molte possibili fonti. Se ricondotte a una sola causa o modalità si trasformano presto in infelicità, dal momento che ogni appagamento tende a decadere, si logora e si riduce sino a cessare, determinando vissuti di perdita (e per noi umani - è stato dimostrato - le perdite pesano negativamente più di quanto diano godimento le conquiste). Una conferma viene da coloro che si descrivono come persone felici, i quali risultano spesso 'multi-felici', essendo allenati a suggere gratificazioni da tante polle, a tessere una tela multicolore intrecciando fili diversi: la strategia delle felicità (al plurale!) è più efficace se si fonda sul rigetto della *reductio ad unum*, poiché - come negli investimenti finanziari - la diversificazione diminuisce i pericoli di drammatici *crac*. Con un'aggiunta: variegatezza non vuol dire *multitasking*, far tante cose contemporaneamente: c'è chi lo pratica per scelta (per taluni è eccitante e dà un senso di efficienza e persino d'onnipotenza) oppure - più spesso - per necessità (e qui si usa citare le donne d'oggi o i *managers* alle prese con mille compiti e perciò caratterizzati da ritmi veloci e da un vero e proprio funambolismo, favorito dalla tecnologia - specie quella portatile - che espande le *performances* dei giocolieri, quasi annullando tempi e spazi). Ma - siamo onesti - qui la felicità c'entra poco o niente: certo, il *multitasking* spesso accresce un po' l'auto-stima (ma tale effetto sfuma in fretta) e talora, moltiplicando le esperienze, dà la possibilità di sperimentare brevi momenti di gioia; epperò il suo bilancio risulta nell'insieme negativo, dal momento che esso viene per lo più descritto da chi lo pratica come faticoso, stressante, non consentente di assaporare gli eventi, le persone, le emozioni. Insomma, va bene correre e agitarsi, essere efficienti e poliedrici, ma per godersi un po' più la vita è meglio alternare fasi convulse e fasi lente, privilegiando l'intensità a scapito della latitudine.

Il settimo **errore è cercare una vita felice**: un obiettivo perseguibile da pochi e raggiunto da pochissimi. Meglio proporsi di avere e moltiplicare attimi felici, momenti - a volte non brevi - di gioia intensa: un obiettivo alla portata di quasi tutti, un'esperienza assai diffusa. E poi, cosa vuol dire vita felice? A detta dei nostri connazionali che l'hanno sperimentata, si tratta, per lo più, di un'esistenza non (o non più) infelice, priva di dolori e asperità, pacifica o pacificata, serena, senza grandi aspettative: una realtà piatta, noiosa, non motivante, caratterizzata - più che dalla felicità - dall'assenza dell'infelicità.

L'ottavo e ultimo **errore** ha a che fare col **confondere la felicità col piacere**, coi piaceri della vita. Intendiamoci: la loro assenza favorisce assai l'infelicità, come ogni forma di estrema carenza materiale, affettiva, simbolica. Ma non è vero l'opposto: un'esistenza ricca di soddisfazioni edonistiche, di agi e ben-essere, spesso non è 'piena', ricca di vero appagamento esistenziale. In effetti, tra *pleasures* e *happiness* la correlazione è debolissima: la gioia di vivere non è – neppure alla lontana – collegata ai godimenti, né coincide con la loro somma. Certo, l'edonismo, ossia la filosofia e la ricerca del piacere, non va demonizzato ma non risulta felicitante, avendo spesso un effetto opposto, per più motivi: confonde le idee e gli obiettivi; distrae attenzione e risorse (in genere scarse); tende a rafforzare l'individualismo egoistico, a scapito dell'altruismo arricchente; favorisce la disillusione, poiché i piaceri prima o poi degradano e si vanificano; determina la dipendenza, con incremento delle 'droghe' (a cui – come quasi sempre – ci si assuefa); fa dimenticare che la felicità va attesa e accolta, non voluta o acquistata. Al fondo, il perseguimento del piacere è utile, ma solo se non risulta totalizzante e ossessivo, se è selettivo e moderato.

Le culture vincenti: quattro 'no'

Nel 2007 descrissi a lungo le sei principali 'culture della felicità': e lo feci – da ricercatore sociale – senza esprimere valutazioni e preferenze. Ora, come ho promesso, prendo posizione e segnalo quali sono **gli approcci** che – alla luce degli studi – paiono **più fecondi per raggiungere un po' di appagamento esistenziale** in una situazione di arretramento sociale.

E parto da quattro 'no' ad altrettanti approcci dimostratisi fallaci. Il primo è il **no allo scetticismo**, quello di coloro che - spesso intelligenti e colti - sono approdati all'errata conclusione che la vita sia intrinsecamente infelice nella sua brevità, stretta tra il trauma della nascita e lo strappo della morte, dominata da un vano agitarsi poiché nessun progetto arriverà mai a compiuta conclusione. Essi notano la marginalità del pianeta Terra, la minima frazione di tempo concessa alla vita consapevole dell'*homo sapiens sapiens* nel cosmo, la follia delle guerre e delle religioni o ideologie fratricide, l'ecocidio quasi portato a termine, l'indignante disuguaglianza sociale che l'incontrollata crescita demografica e l'economia neo-schiavistica hanno aggravato. Ora, costoro hanno spesso ragione, ma su un punto-chiave cadono in contraddizione: anch'essi sono alla ricerca di alcune gioie in una vita senza gioia, dimostrandosi spesso capaci di raccogliere momenti di intensa felicità. E non parliamo dei teorizzatori dell'infelicità umana: quelli per cui "la vita terrena è una valle di lacrime", un breve transito (persino un calvario) prima della vera vita, quella eterna e sperabilmente davvero felice: a dar retta a costoro, l'esperienza tra la nascita e la morte fisica si riduce a mera preparazione all'al di là, durante la quale la ricerca della felicità è di per sé pericolosa o persino diabolica poiché allontana dall'obiettivo della salvazione ultraterrena. Qui, perduta ogni traccia di letizia cristiana, si avverte una pericolosa confusione tra sano rigetto dell''edonismo volgare', da un lato, e - dall'altro lato - nevrotica (e talora feroce) ostilità per ogni umano sforzo di incrementare la propria soddisfazione esistenziale, anche tramite la ricerca di brandelli di profonda (ed etica) felicità.

Il secondo **no** è **all'irenismo**, all'identificazione della felicità con la serenità. Tale associazione può nascere in molti modi: quale alternativa a precedenti esperienze dolorose e persino tragiche, davvero come quiete dopo la tempesta; in opposizione ai conflitti (specie relazionali) e quindi agli odi, agli scontri; dopo la povertà e l'emarginazione, all'insegna della faticata conquista d'un po' di benessere e d'integrazione sociale; oppure sotto forma di distacco dalle passioni, di lucida atarassìa.

Ma la *irene* ha tre limiti: quale fonte di appagamento è illusoria (la vita tende a contraddirla e a travolgerla); risulta basata non su 'sì' ma su 'no' a qualcosa, essendo dunque non autonoma, non auto-sostentantesi; infine appare passivizzante e rinunciataria, funzionale alla conservazione sociale e culturale. Certo, per diversi soggetti conseguire finalmente un poco di pace è un comprensibile obiettivo-chiave, ma le ricerche qualitative e quantitative suggeriscono la maggior utilità di un approccio diverso, più attivo e impegnato.

Il terzo **no** è **alla** filosofia della felicità con l'**eccitazione**: singoli momenti intensissimi sono sì felicitanti ma l'approccio dionisiaco alla vita – almeno in Italia – è produttore d'infelicità (basti dire che i suoi pochi sostenitori dichiarano di sentirsi auto-realizzati il 15% meno della media della popolazione).

Il quarto **no** (in realtà 'no ma'…) si riferisce **alla** convinzione che la felicità sia solo un portato del Caso o della **Fortuna**: una certezza che affonda le sue radici nel filone plurimillenario della cultura fatalista, magica, mediterranea, pagana che s'infiltra tuttora nei nostri approcci alla vita (anche in quelli più evoluti, razionali, illuministici) e che si basa sulla convinzione che la felicità esista ma non sia prevedibile, progettabile, conquistabile poiché arriva (se arriva) sempre inattesa, casuale, cieca, immeritata, senza alcun nesso sia con la condizione sociale (il che consola i diseredati) sia con il merito, l'impegno, i talenti. Ora, questa cultura è arcaica ma fornisce un'ispirazione feconda, legata all'idea che noi umani, pur non avendo alcuna potestà sul nostro destino, possiamo e dobbiamo 'sentirlo', intuirlo, coglierne i segni premonitori, restando in posizione di vigile attesa per non farci sfuggire la felicità in uno dei suoi rari e casuali passaggi. L'idea forte è ritenerla sempre possibile - anche nei momenti più cupi - e predisporsi ad accoglierla, con fiducia, con (anche irrazionale) ottimismo: all'opposto dei pessimisti tristi, che neppure si accorgono quando il Fato tende loro la mano, poiché ciò scalfirebbe la loro tetragona convinzione che nulla potrà mai capitare di positivo. Ecco, è interessante il pensiero che la felicità possa essere favorita da uno specifico atteggiamento, a un tempo positivo e accoglitivo, orientato a dar sempre una *chance* alla vita, con un approccio aperto e 'concavo', cordialmente fiducioso. In occasione della festa di Pesah gli ebrei apparecchiano sempre un posto libero a tavola, in più rispetto ai familiari e agli ospiti attesi, poiché potrebbe sempre presentarsi un viandante, un ospite imprevisto: ecco, la felicità, se non è già con noi, va sempre aspettata con spirito di gaia ospitalità.

Le culture vincenti: sì alla *bliss*

Sono solo **due le 'filosofie' della gratificazione esistenziale che la propiziano** davvero.

La prima è quella della beatitudine (*bliss*), degli **attimi felici che invadono e permeano la vita**: un'esperienza personalmente fatta dal 76% degli Italiani (per due terzi raramente, per un terzo spesso o spessissimo). In effetti, se pochissimi possono rivendicare di avere o di aver avuto una vita quasi completamente gratificante, la beatitudine è ben più diffusa e si sperimenta in attimi o in brevi periodi connotati da un coinvolgimento emozionale che invade la mente e il corpo. È sensato, dunque, concepire anzitutto la 'felicità possibile' come una condizione di vita con saette di letizia profonda, onnicoinvolgente, esaltante, a volte infantile o sbarazzina: cercarla non vuol dire produrla o comprarla (non si può e basta) ma propiziare quei momenti magici che inducono un senso di appagamento forte, acuto, estraniante dal tran tran quotidiano.

Ma quali sono i più tipici lampi che illuminano all'improvviso la notte della noia o dell'infelicità? A questa domanda non si può dare una risposta semplice, per l'immensa molteplicità degli umani, delle culture, dei rapporti sociali, delle condizioni di vita: davvero, "la vita è bella perché è varia". Ma una classificazione è suggerita dalle ricerche sociali, che aiutano a distinguere anzitutto tra **'magia'** (per alcuni il vero sinonimo di felicità) **esterna e interna**: con la prima esemplificata dalle emozioni positive profonde indotte da fuori (un viaggio, una città, un opera d'arte, un paesaggio, una musica, un testo, un evento sportivo, un'occasione di mobilitazione collettiva, eccetera), mentre la seconda deriva da dentro, avendo più a che fare con il proprio io (un sogno, un ricordo, un'aspettativa, l'innamoramento, uno spasimo d'amore, il piacere d'un'amicizia, il ritrovamento d'una persona perduta, l'incontro con Dio, ecc.). Poi, una seconda ripartizione è quella tra **saette di beatitudine ritornanti e non**, con l'avvertenza che spesso la frequente reiterazione fa decrescere progressivamente l'intensità delle passioni. Infine, la terza polarità registrata considera alternativi i momenti di piena realizzazione esistenziale che danno un'intima **pace rasserenante** e quelli che, **all'opposto**, si presentano come **rottura degli equilibri**, iperstimolazione, a volte provocazione: al fondo riproponendo l'antica antinomia greca tra spirito apollineo e spirito dionisiaco. È inutile dire che, come tutte le tassonomie, anche questa è forzata, poiché la vita è spesso fatta di 'e... e...', non di 'o... o...'; eppure ciascuno di noi può scoprire - alla luce delle proprie esperienze - quale tipo di micro-felicità gli è più congeniale ed essa coltivare almeno come desiderio.

Ho provato comunque a studiare la 'piccola felicità': quella legata alle **esperienze che fanno più gradevole la vita**, rendendola dolce e sopportabile anche quando appare cupa. AstraRicerche ha esplorato il personale accesso degli Italiani a una trentina di esse (tra parentesi la percentuale dei nostri connazionali 15-74enni che ne hanno sperimentato l'effetto felicitante). Ai primi due posti troviamo dare o ricevere una carezza o un bacio (64%) e abbracciare o farsi abbracciare (63%). Poi fare l'amore (61%), guardare un bel panorama (58%), fare o ricevere una gentilezza non dovuta (54%), leggere un bel libro (53%), mangiare qualcosa che dà piacere (dolce 52% o salato 43%), fare una passeggiata a piedi o in bicicletta (50%), vedere un film davvero coinvolgente (49%), ascoltare o suonare musica (47%), giocare coi bambini (43%), riposarsi facendo una piccola pausa (43%), bere un buon bicchiere (di vino, di birra, ecc. 42%), andare in cerca di qualcosa di carino per sè o per altri (41%), riflettere con calma (41%), sognare a occhi aperti (40%), telefonare o *chattare* ecc. per condividere emozioni (40%), riguardare i ricordi del passato (39%), immergersi nella natura (33%), dedicarsi a un'attività sociale o politica (32%), leggere un articolo interessante (31%), pregare (31%), chiacchierare (30%), creare

(30%), progettare il proprio domani (27%), eccetera.

In sintesi, com'è **la micro-felicità nel Bel Paese?**
È relazionale, specie quando entrano in gioco le
emozioni, il contatto fisico, il garbo. Risulta assai
connessa alla natura e alla cultura. Ha un'origine
infantile (l'abbraccio, le coccole, l'accoglienza accudi-
tiva, il sorriso). C'entra col pensiero, l'approfondimento,
il tempo intensamente ricordato o vissuto ora oppure
progettato. Vede i consumi - qui non citati perché bassi
in classifica - poco rilevanti, salvo quelli alimentari e
culturali. Certo, pur più semplice da ottenere di quella
'grande', la 'piccola felicità' in Italia non è comunque
per tutti, in due sensi. In primo luogo c'è chi la rifiuta:
il 2% poiché - a suo dire - non esiste o comunque
non serve; un altro 2% perché costituisce la premessa
del decadimento morale; il 3% dato che ritiene che
distragga dalle questioni davvero importanti della vita.
Poi si osserva un fenomeno rattristante: il 15% degli
Italiani dice di non essere capace di provarla e infatti
di non averla mai sperimentata, mentre il 43% ne parla
come di un esperienza infrequente, definendosi poco
capace di goderne. Il risultato è che non più del 42%
vanta una notevole e a volte eccezionale capacità di
viverla (con le donne e gli ultra50enni nettamente al
di sopra della media), sperimentando non raramente
quell'*easy happiness,* quell'appagamento accessibile

che è tanto più importante quanto più manca o viene meno la 'grande felicità'.

In ogni caso riconoscere, accogliere e **'sfruttare' le briciole di felicità** non è un dono innato: anzi, è qualcosa che **s'impara**. Lo dicono tre italiani su quattro, che citano anche i loro 'insegnanti': i genitori (evocati dal 44%), seguiti da amiche e - meno - amici (37%), dai nonni (24%), da altri familiari (23%: cruciali le sorelle e - meno - fratelli), da persone incontrate per caso (18%), da insegnanti e allenatori, medici e psicologi, colleghi di lavoro, sacerdoti. Il 14% cita libri, il 6% articoli di quotidiani e periodici, il 5% la radio o la tv, il 5% Internet, il 3% l'esempio di personaggi famosi. Quel che conta davvero non è la teoria ma l'esempio, cioè la testimonianza e il racconto illuminanti e identificatori: una delle varianti di quel contagio positivo su cui mi soffermo altrove.

Le culture vincenti: sì alla 'tensione a...'

L'altra 'filosofia della felicità' davvero **consigliabile
è quella dell'impegno**, che abbiamo già visto coinvol-
gere – in netta crescita – quasi un Italiano su due. Ma,
se quella basata sulla *bliss* è per lo più passiva e accogli-
tiva, questa è l'unica attiva e fondata su un progetto,
dunque la sola eticamente 'ricca', pur se rigettata dalla
metà della popolazione. Al fondo, essa cerca l'appagamento nello sforzo di realizzare i propri progetti: i
suoi 'portatori' sono certi che le vere gioie della vita
derivino (o siano comunque favorite) dal mirare a
raggiungere una meta, pur sapendo che essa è un'idea
limite, un punto non toccabile ma verso il quale vale la
pena di muoversi. La convinzione è che la felicità stia
non nell'approdo ma nella navigazione a esso orientata,
non nella destinazione ma nel viaggio per raggiungerla:
al fondo, non nello scopo ma nella tensione a esso.

È, questa, una concezione attiva, con una forte caratura
morale ("si deve", "io devo"), impregnata di senso della
responsabilità ("dipende anche da me") e dello sforzo
concreto, fattivo. Essa scaturisce quasi sempre dalla
critica dell'esistente, dal suo rigetto (magari solo
parziale ma netto e persino indignato), dalla succes-
siva scelta di operare per migliorare lo stato attuale.

La conseguenza è appunto il percorso, dal punto di partenza oggetto di rifiuto (*a quo*) all'auspicato punto d'arrivo (*ad quem*), a cui non si giungerà mai ma che avrà definito la prospettiva, la direzione del cammino. Con due 'facilitatori': il primo riguarda la curiosità, ossia l'attrazione per l'ignoto, l'inedito, il diverso, lo stupefacente, il nuovo; il secondo appunto la criticità, cioè il prevalere dello spirito autonomo, non conformistico, dubbioso, insofferente, irrequieto, monello.

Dunque, impegno al cambiamento. Ma quale? Ascoltando i nostri connazionali sono emersi **tre tipi di miglioramento** *happiness makers*, in parte compatibili e sovrapponibili tra loro, in ogni caso non alternativi.

Il primo è quello del miglioramento **di se stessi**, con vari obiettivi: conoscersi meglio, ridurre i propri difetti o storture, arricchire i rapporti con gli altri. I valori cruciali sono qui l'auto-consapevolezza e l'auto-emendamento, spesso aiutati da letture, dialoghi, ascolto di docenti o terapeuti, sacerdoti o saggi (comunque Maestri). Una variante si basa sull'affinamento spirituale che libera (dalle pulsioni negative, dalle scorie e dalle miserie della vita quotidiana) ed eleva (spesso grazie all'ascolto della parola di Dio e/o dei testi 'esemplari' della tradizione).

Il secondo tipo di miglioramento si fonda sul desiderio e sul progetto di **dare felicità ad altri o all'**intera **umanità**: talora per pura oblatività, più spesso perché si è convinti che la nostra auto-realizzazione individuale sia strettamente legata a quella di coloro con cui interagiamo o - più latamente - a quella degli abitanti (presenti e per tanti pure futuri) della Terra, talché il bilancio privato della felicità vien fatto dipendere anche da quello sociale.

Gioca, infine, un terzo modo di cercare un 'di più' quanti-qualitativo, legato al **perseguimento di un sogno assorbente** e talora maniacale (fare una scoperta scientifica, superare un *record*, sviluppare un'impresa produttiva, ecc.). Ma qui spesso l'ossessività uccide ogni gioia, mentre l'eventuale conseguimento dell'obiettivo induce quasi subito un senso di inanità o di vuoto, poiché manca il gusto del limite mentre la felicità - troppo oggettivizzata - sfuma e si annulla.

Dunque felicitante è la 'tensione a…': in altri termini **il desiderio,** inteso non come mero auspicio ma come forza **che spinge alla ricerca**. Con un'aggiunta: tra desiderio e piacere c'è una grande differenza, poiché il secondo è pacificatore, passivizzante, conservatore, a volte alla lettera re-azionario (riportante indietro), mentre il primo sconvolge gli equilibri ed è oppositivo e attivante. La felicità ha poco da spartire col piacere, che è invece connesso al ben-essere: essa o è un lampo oppure è ricerca, sforzo, conflitto, a volte scandalo. La società della soddisfazione narcisistica è diventata (non poteva che diventare) una società infelice: come sempre, *"oportet ut scandala eveniant"*. La cultura della felicità come impegno ha a che fare, invece, con il godere nell'**avere dei doveri**: e qui si osserva, almeno in Italia, uno dei maggiori divari tra coloro che si definiscono assai felici e gli altri. La maggioranza non soddisfatta della propria esistenza in genere evoca negativamente i doveri: non li ama perché troppi, imposti, cogenti o strozzanti, soffocanti ogni gratificazione; il 29% che vive una vita gioiosa, invece, ne parla positivamente come lascito familiare e sociale condiviso; quale scudo che protegge dalle pulsioni incontrollate; come insieme di vincoli e binari incanalanti; quale 'voce della coscienza'; come mezzo d'integrazione nella propria comunità e nell'umanità; quale garanzia di civiltà e di buon allevamento delle giovani generazioni. La felicità, qui, è etica figlia del limite: a volte lo travalica ma (come per il desiderio) è impossibile senza di esso.

Migliorarsi un po', amare il cambiamento

Conta poco sapere quali gruppi sociali e **quali tipi di persone hanno maggiori probabilità di dichiararsi felici**: e conta poco perché, nella maggior parte dei casi, non aiuta a cambiarsi. Conta poco sapere che oggi in Italia le donne sono un poco più appagate degli uomini. Lo stesso vale per l'età, anche perché le cose stanno cambiando, con i giovani 14-24enni sempre meno avvantaggiati. Né vale granché - salvo che uno possa scegliere ove risiedere - aver cognizione della gioia di vivere maggiore nelle regioni 'rosse' e nella media (ma non minuta) provincia. Avvantaggia lievemente - specie nell'allevamento di figli e nipoti - essere informati che i diplomati e (poco di più) i laureati godono d'un qualche vantaggio nel trovare l'appagamento esistenziale. Non conta nulla sapere che gli idioti stan peggio dei soggetti intelligenti.

Ben diverso è il discorso concernente **la personalità**: è vero che in parte essa risulta immodificabile, ma è vero anche che la consapevolezza delle nostre caratteristiche può portarci a volte a contenerne taluni aspetti negativi e a 'lavorare' per sviluppare in parte quelli positivi. Vediamo: **gli Italiani** che si dicono **felici** si presentano **soprammedia dotati di taluni**

tratti, raccontandosi (tra parentesi la percentuale di chi si considera tale) come estroversi (53%), ottimisti (49%), capaci d'instaurare con facilità relazioni con gli altri (61%), cordiali (56%), allegri (46%), giocosi (51%), simpatici (44%), un po' invadenti (40%), abili nell'esprimere i propri sentimenti (positivi e negativi: 48%), fiduciosi nella vita e nell'umanità (40%), non misoneisti o conservatori (39%) ma curiosi (60%) e orientati a far nuove esperienze (epperò ostili alle mode), autonomi e non conformisti (44%), attivi e dinamici (38%), con forti valori e ideali (47%), critici degli attuali assetti etici e socio-politici (56%), piuttosto sicuri di sé (53%) ma non reputati arroganti dagli altri (47%), attenti alle emozioni e ai sentimenti (59%) non meno che amanti riflettere e approfondire (66%), leali (63%), generosi (53%) e impegnati nel 'sociale' (46%), dotati di Forza della Personalità (ossia della capacità di influenzare gli altri, attivare *tam tam* e fenomeni 'virali', trainare i gruppi: 19%).

Un punto-chiave sembra essere il grado di **auto-stima**: quella - propria di circa la metà dei nostri connazionali - che porta in genere a dare un buon giudizio di sé, volersi bene, aversi in simpatia, farsi buona compagnia, non colpevolizzarsi per ogni cosa, al fondo dirsi una o più delle seguenti frasi cruciali "se fossi in lui (o in lei) mi innamorerei di me", "se fossi l'ottima azienda x mi assumerei subito", "ho fallito perché le circostanze erano sfavorevoli ma la prossima volta posso farcela". Il tutto - s'intende - purché l'auto-stima non sia esorbitante sicurezza in sé, delirio d'onnipotenza.

Manca una parola-chiave: informazione. Sì, lo so: resiste ancora il mito del 'cretino felice' ma esso è totalmente smentito da ogni dato di ricerca empirica, a conferma della 'legge' che vuole la scarsità sempre connessa alla mancanza di appagamento esistenziale. E comunque c'è una strategia - a un tempo migliorativa e (un po') felicitante - valida per molti, quale che sia la loro dotazione di partenza: essa ha a che fare con l'informazione, anzi con **le informazioni**. Il motivo è semplice ma rilevantissimo: la capacità di gestire i cambiamenti (sia coatti sia liberamente scelti) s'incrementa se lo *stock* di informazioni di cui il soggetto dispone è ampio (saper tante cose aiuta); se è variegato (più sono i tipi di informazioni di cui l'individuo dispone e meglio è); se le informazioni risultano aggiornate; infine, se esse provengono da tante fonti diverse.

Migliorare il proprio *info-capital* facilita il **changing management**, l'abilità di governare non un solo mutamento (*change*) ma il cambiamento continuo (*changing*) e dunque l'ininterrotto cambiamento del cambiamento: un'abilità che incide positivamente sulla possibilità di sperimentare - almeno un po' - una delle molte felicità possibili, pescabili appunto gettando in acqua molti ami, non con una sola rete.

Sempre a proposito di *changing management* e d'incremento della possibilità di trovar vere gioie nel vivere, specie quando è impossibile sottrarsi ai cambiamenti, negli ultimi anni ho studiato la rilevanza dei modi con cui conosciamo la realtà e ci predisponiamo ad affrontarla. E ho verificato che lo **stile cognitivo ideale** ha molte delle seguenti otto caratteristiche:

- è profondo: riflessivo, non superficiale, capace di 'scavare'
- è largo: prendente in considerazione dimensioni e ambiti diversi
- è lungo: guardante in avanti e non a breve termine, prospettico, connesso a progetti e sogni
- è spontaneo: fresco, intuitivo, non iper-razionalizzante, ragionante anche 'col cuore', non sterotipico
- è fluttuante: mobile, non strutturato, fluido
- è 'laterale': non banale, non ripetitivo, scombinante i giochi, mutante il punto di vista, divergente, originale, creativo
- è oppositivo: contestante le tradizioni, non

adorante il potere, rifuggente dal conformismo, amante essere 'contro', dissenziente

- è semplificatore: preferente l'essenzialità - non il semplicismo - e la scarnificazione, non negante la complessità ma rifiutante di farsene paralizzare (per cui sceglie e gerarchizza).

In sostanza, **lo stile del pensiero più utile** per governare il cambiamento del cambiamento (e per aver maggiori probabilità di essere un po' più felici) **è mobile**, su tre assi: quello della longitudine (avanti e indietro nel tempo); quello della latitudine (usando lo *zoom* per passare da stretto a largo e viceversa); quello, infine, della profondità (dall'esterno all'interno, sempre con un fecondo 'va e vieni'). Cercare di ripensare i propri modi di pensare può aiutare, seppur solo a volte e con difficoltà, a incrementare le possibilità di 'veder meglio' la vita.

Ma quali **atteggiamenti verso il cambiamento** sono **d'aiuto nel governarlo**, pur se negativo? Le ricerche sociali danno alcuni stimoli, alcuni ovvi e altri meno. In primo luogo conta la disponibilità a mutare, seppur non necessariamente nel senso preteso da altri o dalle circostanze: giocare solo in difesa non facilita la vita e non aiuta a resistere. Conviene poi non essere terrorizzati: un po' di paura aiuta contro i pericoli, troppa paralizza e dà sofferenza psichica (meglio valutare realisticamente le minacce ma senza un'esagerata ossessione per la sicurezza della mera continuità). Gioca a favore anche una qualche accettazione del rischio, che di solito implica un buon grado di auto-stima, la convinzione di potercela fare, la valorizzazione dei successi passati, il gusto dell'apprendimento, una certa fiducia nel futuro (certo o possibile). Aiuta, al fondo, **la 'neofilìa moderata'**, ossia il favore per l'innovazione ma senza cadere in uno dei poli estremi: il cieco conservatorismo o l'opposta preferenza per l'eccitazione scardinante. E la neofilìa è rafforzata dalla consapevolezza delle proprie caratteristiche e dei propri limiti, a volte dall'accettazione d'una guida, talora dalla disponibilità alla *metànoia* (al mutamento profondo di sé, 'dentro'), spesso dall'abilità nel gestire lo *stress* (e le difficoltà, le sconfitte, le cadute, le frustrazioni), spessissimo dalla condivisione con altri (l'erta della vita si scala meglio in cordata...).

Cercare significati e direzione

Una vita senza senso è - assai più della media - una vita infelice, poiché noi umani abbiamo bisogno di dare un significato alla nostra esistenza (in generale e ai suoi singoli momenti) e ricaviamo rassicurazione e gioia nell'avvertire di muoverci in una direzione precisa, seppur con scarti e ritorni indietro (si noti che la parola 'senso' vuol dire appunto significato e direzione). Ma **come si fa a dare un senso al proprio percorso** dalla nascita alla morte **e a orientarlo verso mete magari irraggiungibili ma chiare**? Le ricerche sociali aiutano a dar qualche risposta a tali 'eterni' interrogativi.

Sappiamo che il contesto è sfavorevole, per l'infragilimento delle tradizionali agenzie di socializzazione (famiglia, scuola, chiese e partiti politici); per l'assenza di *leaders* in ogni campo, di autorità morali che indichino la via, di profeti che aiutino a travalicare l'esistente; per la stessa cospicua fatica di vivere, meno sopportabile nei periodi di non speranza ("il futuro non è più quello d'una volta"). Ma sappiamo anche che molta gente vive tuttora con un buon *imprinting* ricevuto dalla famiglia e rafforzato dalla comunità locale o professionale; che una piccola minoranza ricava profonde gratificazioni esistenziali abbandonandosi al gran flusso dell'essere e della natura; che un'altra minoranza, illuminista e spesso scientista, usa il rasoio della ragione per coltivare il dubbio e trovare parziali verità provvisorie, godendo le non certezze tra Caso e Necessità. Sappiamo, soprattutto, che **esistono** infine **alcune strategie felicitanti** pure **su questo terreno**.

La prima è data, appunto, dallo sforzo consapevole di trovare - in genere insieme ad altri - i significati e le mete del vivere. Come? Alcuni si rifanno alla tradizione (a volte religiosa), recuperata quale bussola orientativa degli individui e delle comunità; altri coltivano valori e idee forti ma non antiche. Per tutti o quasi la felicità è connessa non al merito delle convinzioni e ai contenuti degli obiettivi ma all'intensità con cui convinzioni e obiettivi sono vissuti, oltre che alla loro condivisione con altri: cruciale è la testimonianza della propria 'fede' (religiosa, politica, scientifica, ecc.), il viverla senza conformismo banalizzante e anzi usandola per cambiar le cose e il mondo, attraverso il continuo **tentativo di trasformare gli ideali in fatti**, i valori in comportamenti.

Esiste un rischio in tutto ciò e cioè che il forte sentire si esplichi quale integrismo intollerante, irrigidisca le posizioni, determini conflitti troppo aspri. Ma tale pericolo può essere evitato solo che si sappia distinguere, in ogni sistema di credenze, chi è portatore di convinzioni rigide, severe, cupe, escludenti altre verità e chi - invece - è attento agli altri, curioso di conoscerne idee ed esperienze, convinto delle proprie certezze ma aperto al confronto, non impaurito o incattivito, non terrorizzato dai 'contagi' ma ilare, gioioso, tollerante, aperto. Le ricerche sociali mostrano, con ogni evidenza, che lo stile introverso e rigido d'essere 'fedele' si connette a una più bassa felicità dichiarata; all'opposto, **lo stile estroverso e temperato di credere e di impegnarsi garantisce un** significativo **'di più' di gioia di vivere** sia propria sia altrui.

Saper di morire, saper invecchiare

Del grande capitolo dell'infelicità felicitante è parte essenziale la morte: e, poiché essa non può essere sperimentata che morendo, s'intende qui **il pensiero della morte**, una delle due innegabili certezze della condizione umana (l'altra è tuttora - sino a quando? - l'esser nati da un ventre di donna). Tale pensiero, specie se ossessivo, può essere fonte d'angoscia, indicatore di grave disagio psichico, persino premessa del suicidio; ma **se è**, per così dire, **moderato può aiutare a godersi le gioie della vita**, proprio sapendola destinata a finire. Chi non accoglie la morte e rifiuta di considerarla ne soffre, poiché questa rimozione è l'unica impossibile, dato che 'sotto sotto' il tarlo lavora; all'opposto, chi non dimentica la propria (e universale) finitità risulta più felice della media: sia chi crede alla reincarnazione o all'immortalità dell'anima, al reincontro con i defunti, alla possibile beatitudine eterna; sia chi, ateo o agnostico, non prevede alcuna vita oltre la morte e gode di una specie di 'felicità da limite', spingente all'impegno 'qui e ora' per trascendere la propria finitezza e lasciar qualche traccia di sé.

E a proposito di percorso: se il nostro corpo comincia a morire dalla nascita, l'invecchiamento è un - di solito lento e lunghissimo - avvicinarsi alla fine, un progressivo morire ogni giorno. Ebbene, le ultime ricerche che ho seguito mostrano che **il rifiuto o la denegazione dell'invecchiamento spingono** a consumi giganteschi e crescenti ma anche - contemporaneamente - **a una sottile infelicità**, incrementata dalle illusorie promesse di elisir di lunga vita, di bacchette magico-chirurgiche, ecc.. Pure qui darsi da fare con misura per tardare e attutire i sintomi della decadenza è utile e sensato, mentre lo è poco non accettare il passar degli anni con le sue conseguenze: anzi, le indagini motivazionali e campionarie segnalano che non conviene subire la perdita della gioventù e poi della maturità ma averla in simpatia, persino amarla per taluni vantaggi che comporta o - semplicemente - perché così è la vita (*"omnia tempus habent"*: c'è un tempo per crescere e uno per decadere...). Sì, saper invecchiare è parte dell'arte di vivere.

Resistere

L'arte della **resistenza** è massimamente sviluppata nel Bel Paese: ma **in due distinte versioni**. La prima, plurimillenaria, è basata sull'opporsi alle difficoltà della vita e - per altri versi - alle pretese del potere con una tecnica specifica: non quella dell'opposizione frontale, della battaglia a viso aperto, ma quella della resistenza passiva, silente e flessibile. Siamo, a ben guardare, un popolo di sordi oppositori, usi a non prender di petto le difficoltà della vita e a non contrastare le autorità (pur spesso disprezzate, dileggiate, odiate, maledette), fingendo di onorarle con inchini servili per pretenderne protezione e vantaggi. Gli sforzi individuali e collettivi sono stati orientati quasi sempre a cercar di 'cavarsela nonostante': nonostante le invasioni straniere, le epidemie, le carestie; nonostante la durezza della miseria plurimillenaria prima e delle ricorrenti crisi sociali poi; nonostante le leggi e i regolamenti; nonostante i falliti tentativi della politica di governare i processi. Nella massima misura possibile il nostro popolo, forse per la rarità estrema di vere discontinuità (di rivoluzioni), s'è specializzato non nel tagliare le onde ma nel **fare** *surf* su di esse, barcamenandosi e mirando a sopravvivere più che a cercar di forgiare - almeno in parte - il proprio destino.

Quest'eredità di lungo periodo ha reso l'italica felicità tipicamente privata e quasi occulta, adattativa, silenziosamente oppositiva (da resistenti, appunto). Con tale cospicua tradizione alle spalle e col frequente sostegno della collettività, s'è affermata (e tuttora domina) **la strategia felicitante dell'arrangiarsi**: quella che prescinde dai *diktat* del potere di turno; che si fonda sulla privatità familistica e micro-comunitaria come ambito di autonomia non gridata; che identifica le gioie della vita con ciò che non è pubblico. È inutile dire che così è risultato e risulta altissimo il prezzo pagato quanto a *deficit* di senso di responsabilità sociale, di cultura e pratica della legalità, di rinuncia ai privilegi o alla loro ricerca, di conflitto franco e risolutore, insomma di etica e di produttività sociale. Ma - piaccia o no - questo passa il nostro convento.

Epperò troviamo pure - minoritari - i sostenitori dell'**appagamento esistenziale legato all'impegno migliorativo** di sé e della società: costoro nuotano **controcorrente**, nello sforzo di non seguire l'andazzo ma di contrastarlo; e il loro successo offre una felicità diversa da quella tradizionale (che essi spregiativamente definiscono italiota), per l'appunto non solo privata, non passiva, non socialmente irresponsabile.

Eppure, tali due opposte macro-culture hanno alcuni

punti-chiave **in comune:** risultano impregnate di 'estroversione socializzante'; si presentano - in modi diversi - 'contro'; si basano sulla **straordinaria resilienza** delle persone e dei piccoli gruppi, ossia sulla capacità di resistere alle difficoltà della vita (e allo *stress*), di adattarsi attivamente a contesti negativi, di auto-proteggersi parzialmente dalle minacce, di non farsi troppo 'schiaffeggiare' dalla realtà e dagli altri.

Entrambe le opzioni sono fondate su un buon grado di flessibilità: ma questo termine può avere significati assai diversi. Esistono, infatti, due tipi di flessibilità, quella 'cattiva' e quella 'buona'; e solo quella buona è felicitante. Vediamo di chiarire la natura della **buona flessibilità**. Essa - non paia una contraddizione - è rigida poiché richiede l'opzionalità (scelte libere, non imposte); è fondata su valori e ideali; ha un suo rigore etico; si basa sull'assunzione di responsabilità; esprime tensione progettuale. Poi, solo poi, entrano in campo la propensione al cambiamento; l'adattabilità (non a qualunque condizione); l'accettazione delle contrad-dizioni e la conseguente gestione dell'ambivalenza; il rifiuto delle certezze non motivate, delle fedeltà imposte, dell'ordine coatto, delle tradizioni immuta-bili; la tolleranza indulgente degli errori propri e altrui; l'enfasi sulla qualità più che sulla quantità; la valoriz-zazione delle competenze a scapito dei ruoli; l'amore per le differenze e per i conflitti. Questi *fans* del mutamento rifiutano la riduzione delle donne e degli uomini a merce o a macchina, a mezzo e non a fine, a cosa: di nuovo **libertà, uguaglianza, fraternità** sono antidoto alla reificazione degli umani, al loro *exploitment* (in inglese suona meno arcaico del vecchio 'sfruttamento') quali *robots* e *customers, audience, target.*

Cooperare

La felicità è vivibile e vissuta solo personalmente: nessuno può delegarla o, al contrario, sperimentarla per conto di un'altra persona. Ma è spesso sia **relazionale**, affondando le sue radici nei rapporti con gli altri (a volte pochissimi), sia - più a fondo - sociale. Perché? A parte il nostro, già citato, essere 'animali sociali', dobbiamo considerare i tanti benefici connessi alla cooperazione tra gli umani.

In primo luogo, stare con gli altri è un potente antidoto al veleno dell'infelicità. Senza dubbio, a volte **le relazioni interpersonali** risultano sgradevoli, ansiogene, persino ammalanti. Ma, in genere, **favoriscono la realizzazione esistenziale**, se sono davvero libere, profonde, durature e specialmente variegate (cioè con soggetti e ambienti diversi): anche se poche e selettive, 'pantografano' l'io, lo espandono, lo rafforzano.

Il secondo beneficio deriva dal coinvolgimento valoriale, dal **condividere** non episodicamente **passioni, ricordi, progetti, attività**: insomma, dallo stare insieme non solo per farsi compagnia ma per produrre o consumare o svolgere un'attività socialmente utile (e a volte economicamente profittevole) sulla base di una 'filosofia' comune.

Ma non è solo questione di valori e azioni: se si passa dalla collaborazione alla **cooperazione** in senso stretto (quella di certe famiglie e associazioni oltre che di molte delle vere coop) se ne godono i vantaggi: la proprietà comune, con obiettivi avvertiti come propri; il maggior peso delle istanze etiche; un significativo senso di appartenenza; la protezione dei membri più deboli; il minor divario di potere e di reddito rispetto alle imprese private e pubbliche; il reinvestimento degli utili; la persistenza nel tempo; la tendenza a 'produrre' *leaders* con uno stile di gestione partecipativo.

Ecco, se vogliamo accrescere la soddisfazione esistenziale impariamo a **lavorare in squadra** e a cooperare con altri (meglio condividendo con essi proprietà, governo, responsabilità): il che richiede regole comuni, tolleranza reciproca, mutue gratificazioni. La sillaba-chiave è 'co': quella che fonda il co-involgimento, la con-divisione, la co-operazione e anche il con-tatto, la com-partecipazione, il con-senso, al fondo la com-unità, l'essere 'noi' che è proprio dell'io', l'identità personale come fascio di relazioni.

Viene da interrogarsi: **cosa richiede la vita 'in cordata'** con altri? Secondo le ricerche, molte delle seguenti dieci esperienze o virtù:

- l'ascolto degli interlocutori: curioso, empatico, rispettoso, non iper-valutativo

- il dialogo, basato sull'apertura agli altrui contributi e sul piacere della mutua influenza
- la citata condivisione di valori, interessi, analisi, programmi, attività
- la comune motivazione, il reciproco 'rinforzo'
- il vero e proprio gioco di squadra, che funziona se ci sono fiducia, 'ingaggio' e impegno di ciascuno
- la trasparenza, nelle relazioni interpersonali e nell'organizzazione
- l'orientamento all'obiettivo, più che l'ottemperamento delle norme
- la comunanza di dignità, riconosciuta e tutelata
- la valorizzazione dei talenti
- la solidarietà, specie nelle difficoltà
- l'oblatività, ossia lo sforzo generoso e gratuito a favore degli altri per aiutarli e gratificarli.

Troppo? In apparenza sì, se non fosse che tutto ciò - complesso a descriversi se razionalizzato - nella realtà risulta semplice e accessibile: tale lo rendono il DNA che ci orienta alla collaborazione; tante esperienze di successo in ogni epoca; i valori delle principali culture democratiche fondate su libertà, uguaglianza e fraternità (o sororità); gli stessi **fallimenti** epocali sia

dell'autoritarismo (richiedente sudditi o schiavi e non cittadini) sia **dell'individualismo** (non quello 'buono' che esalta il ruolo e la responsabilità di ognuno ma quello **'cattivo'** che contrappone individuo a società, indebolisce le libere comunità anche conflittuali, respinge l'idea-limite - la meta e la bussola - dell'autogoverno collettivo).

La ricerca della gratificazione esistenziale è così anche politica, riguarda la *polis* e il senso - a un tempo primo e ultimo - del nostro essere 'animali sociali'.

Donare gioia

Un'altra **strategia** efficace, appena evocata, è quella **dell'altrui felicitazione**, la quale è alla base della mutua cordialità (*the politics of smile*, com'è stata denominata nel mondo anglosassone); della generosità (di sé ben prima che di soldi); del volontariato (se comporta il personale coinvolgersi, esserci, spendersi); dell'impegno a favore della collettività.

Perché tale strategia spesso funziona bene? I motivi sono vari. Pesa la natura di noi umani, bisognosi del sostegno di altri per molti anni dalla nascita, con un patrimonio genetico che ci orienta alla collaborazione, con la necessità di fidarci e di allearci stante la sempre più spinta divisione sociale del lavoro, col crescente bisogno di rassicurarci in un mondo ansiogeno e percepito come incontrollabile. In Italia giocano, poi, i valori di talune culture enfatizzanti il dovere dell'impegno oblativo: da quella cristiana della carità a quella delle sinistre di matrice social-comunista o libertaria. Opera - non poco - l'esperienza delle profonde gratificazioni che derivano dall'aiutare altre persone, dando loro sostegno e letizia ("non c'è niente che dia più felicità che dare felicità ad altri": quel che una bella espressione cristiana definisce **"farsi prossimo"**). Vale la certezza, empirica prima che teorica, che nessun altro investimento nella vita ha un 'ritorno' più rapido, spesso ripagandosi col sorriso dell'amato o di un amico, un bambino, un anziano, un ammalato, uno straniero, un estraneo. Poi c'è il cosiddetto altruismo egoistico e cioè il fatto che molti di noi fanno il bene anche per ricavarne benefici secondari (sentirsi bravi, diminuire i sentimenti di colpa, essere apprezzati e ammirati, ecc.).

Al fondo l'oblatività, auto ed etero-felicitante, parte dall'**empatia**, dalla capacità - propria degli umani - di 'sentire' le emozioni altrui, tra cui la gioia: il che tende a spingerci ad offrirla per farla godere e per goderne. In effetti, la soddisfazione esistenziale è un dono per il donante e per il donato: tra **felicità e dono** (quello gratuito, immotivato ma impegnativo) il nesso è forte, malgrado l'iper-individualismo rischi di corrodere tale essenziale legame sociale.

Tutto ciò ragionando in grande. Ma si può e si deve anche valorizzare le piccole gioie relazionali: per esempio, **il chiacchierare**, espressione di una delle maggiori e più antiche arti italiane. Le ricerche sociali mostrano che esso è spesso occasione e matrice di appagamento esistenziale (non solo di piacere superficiale) ma ad alcune condizioni: se risulta gratuito (cioè non finalizzato), improduttivo, col gusto del dialogo con l'altro, lento, dispersivo, simpatetico, complice, ironico, benevolmente critico e persino pettegolo. Questa attività di solito è ritenuta di scarsa rilevanza e magari distraente dai doveri, persino pericolosa per la serietà delle persone e a volte per la loro moralità; in più - lo avete notato - frequentemente insospettisce il potere (maschile, familiare, aziendale, politico, ecc.): chiacchierare, invece, migliora il bilancio sociale della felicità, agendo come scarico di tensione, fluidificazione del quotidiano, allenamento dell'empatia, fonte primaria di informazioni, occasione d'incontro e di ritrovamento, rito. E oggi alle cosiddette 'ciàcole' da paese o da bar si sono aggiunte quelle tramite **i social forum**, senza alcuna novità radicale ma con ulteriore potenziamento (dopo quelli portati dal telefono, dai CB, dal cellulare, da Skype), sempre che la tecnologia sia usata in modo 'caldo' e senza ossessività: allora quest'arte antica muta strumenti e in parte tempi e linguaggi ma non fa che aggiornare un'eccellenza nostrana, un pezzo - sottovalutato ma possente - dell'*Italian Way To Happiness*.

Curare l'orto delle buone maniere

"Quando l'agricoltura è in crisi si sopravvive curando il proprio orto", diceva il maestro Iazzetti nel 1954 alla scuola elementare dei Bastioni di Porta Nuova a Milano. In questo periodo mi viene spesso in mente quest'insegnamento da Italia povera, che richiama l'attenzione sulle **piccole virtù** che possono nutrire la vita quando le grandi fabbriche della felicità hanno chiuso. Quali sono gli equivalenti delle zucchine e delle carote care al maestro Iazzetti (allora raro esempio di maschio tra i docenti dediti all'istruzione primaria)? Ne segnalo - in disordine - sei, indicati dagli Italiani nei sondaggi degli ultimi anni:

- l'ironia e l'auto-ironia benevole: segno d'intelligenza e di distacco critico, utili per bucare i 'palloni gonfiati' (sé e gli altri) ma senza iperseverità di giudizio

- la buona educazione, anche solo formale: ottima alternativa al degrado dei rapporti sociali

- la gentilezza: prezioso (e più sostanziale) *mix* di mitezza, cortesia, umanità

- il sorriso genuino: espressione e causa della rinuncia alla paura e all'aggressione, tendenzialmente contagioso

- la carezza affettuosa: capace, magari per un attimo, di mettere due corpi in contatto per esprimere vicinanza, calore, protezione
- il farsi vivo all'improvviso, fuori dalle tradizioni e senza un motivo: solo per dire "ti penso", "ho voglia di sentirti", "ti voglio bene".

Davvero, specie quando il mondo sembra affondare, è gratificante **la civiltà delle buone maniere**: non solo il *bon ton* ma la difesa della civiltà *tout court* (quella che, andando con mia madre a piedi all'asilo comunale Ciceri di via General Fara, scoprii a tre anni in un mendicante, reso tale dalla seconda guerra mondiale e poi ucciso dalla povertà e dalla tubercolosi: un signore, anche nel chiedere la carità).

Farsi contagiare

Lo sappiamo: specie se la realtà non risulta esaltante è sempre possibile uscire dalla propria vita attuale, in più modi. Il primo è far ricorso all'immaginazione: anzitutto grazie alla letteratura, tramite l'identificazione con i personaggi che la popolano, la cui verità poetica è spesso superiore a quella del nostro io e specialmente del contesto in cui esso è immerso. Com'è noto da millenni, la nostra esperienza è espandibile quasi all'infinito immergendosi nei racconti delle vite degli altri: **la felicità** è sì un'esperienza personale ma **deriva spesso dall'immedesimazione**, quasi dal furto delle altrui vicende appaganti.

Il secondo modo è ugualmente (o più) a portata di mano e consiste nel succhiare le gioie altrui: un esempio di positivo parassitismo. Ciò non risulta sempre possibile: non tutti gli umani si assomigliano; alcuni difendono con le unghie la loro privatità; molti dei potenziali beneficiari provano invidia e persino rabbia nei confronti delle gratificazioni non proprie. Eppure l'**ispirarsi alla felicità di altri**, conosciuti e non, permette spesso di migliorare il proprio bilancio esistenziale, quasi che la felicità si trasmetta grazie a un *virus* positivo. Se la gioia di vivere non è una risorsa scarsa, la sua ricerca non è un gioco a somma zero (per cui, se qualcuno ne conquista di più, inevitabilmente altri devono averne di meno). È vero l'opposto: più la gente è pienamente soddisfatta e più gente si aggrega a essa, per cui - per migliorare la propria esistenza - vale la pena **frequentare persone** (almeno un po') **felici**, poiché la gioia si dà e si riceve, si prende e si restituisce, si alimenta nello scambio.

Q.B.

Q.B., quanto basta: ecco una sigla tipica delle preparazioni chimiche, farmaceutiche, culinarie. Essa indica un **errore** da evitare a ogni costo: il **ritenere che la felicità si identifichi col livello massimo** di qualunque esperienza, emozione, possesso, uso. È vero l'opposto: come dicevano i nostri vecchi, "l'ottimo è nemico del bene" e "il troppo stroppia".

La prima ragione è che, anche quando ci avviciniamo alla meta che ci siamo proposti, non la raggiungiamo mai poiché si è spostata, altri soggetti hanno agito, il contesto è mutato, noi stessi siamo cambiati durante il percorso, talché giungiamo sempre a un porto diverso da quello previsto (si parla allora di '**eterogenesi dei fini**').

Poi non dimentichiamo i **danni indotti dal perseguimento del 'tutto' o del 'molto'**: fatica, ansia, *stress*; caduta d'auto-stima e sensi di colpa se si manca l'obiettivo; comunque mono-dimensionalità dello sforzo, a scapito della 'multi-felicità'.

Certo, così si privilegia **la medietà**: non per rifiuto delle scelte nette, per impaurito moderatismo, ma sforzandosi di rifuggire da ogni scelta estremistica (malattia infantile d'ogni cultura). Epperò ciò non significa rinunciare al miglioramento - anche materiale - delle proprie condizioni di vita o dell'efficienza della propria impresa: vuol dire non identificarlo col 'di più, sempre di più' e con l'ascesa continua (quella espressa nell'invito *"up or out"* - "o cresci o te ne vai" - messo in bella vista ad ogni piano di una nota multinazionale americana).

In effetti, le ricerche sociali segnalano che la carenza di reddito, cultura, opportunità, sicurezza, ecc. (e anche di amore, amicizia, relazioni interpersonali, gratificazioni emotive, ecc.) costituisce spesso una potente causa di deprivazione esistenziale: risultano assai più infelici della media i poveri, gli ignoranti, i non scolarizzati, gli esclusi dalla protezione del *Welfare*, i discriminati, i soli (non per scelta), i senz'amore, gli umiliati, gli offesi. Ma non è vero l'opposto: l'appagamento nella vita non appare massimo tra i molto ricchi, i super-laureati con un *master*, i *winners*. In generale, la gioia di vivere cresce al crescere delle variabili citate più sopra, ma poi decresce, una volta superata la soglia a cavallo tra il livello medio e quello medio-alto: ne deriva che, una volta che si sia **conseguita una buona dotazione di benefici** (economici e affettivi), **tentare di elevarla** ancora **ha più costi che ricavi**, spreca energie o le sottrae ad altri impieghi più felicitanti.

Se poi passiamo dagli individui alla società, scopriamo che una comunità umana ha un miglior bilancio della felicità se può vantare molti suoi membri moderatamente felici e non alcuni (di solito pochi) felicissimi e altri (di solito molti) infelici. Con una conseguenza che riguarda la nostra Italia, ove da tempo è troppo elevata la disuguaglianza sociale: anche nella 'distribuzione' dell'appagamento esistenziale **uno dei** nostri **principali** *national goals*, dei nostri obiettivi di sistema, dovrebbe essere quello di **ridurre i divari**, né appiattendo 'in basso' (come teme la destra) né promettendo a tutti la massima felicità (come fanno gli ingenui riformatori sociali o i venditori di soluzioni magiche), ma favorendo l'espansione della fascia media.

I sondaggi realizzati da AstraRicerche negli ultimi cinque anni (specie nel 2012) segnalano il **diffondersi della cultura del Q.B.**: meno nelle fasce medio-bassa e bassa della nostra società, di più nei ceti superiori e nella classe media. Ma le differenze sono grandi, specie per quel che attiene alle ragioni di tale *boom*. Per taluni, specie 'in alto', le principali cause sono la saturazione, connessa spesso all'assenza di spazio ("non so più dove mettere le cose"), di tempo ("non ho modo di usare e godere"), di gioia ("non mi diverto più"). Per i più, in particolare nella *large middle class* in via di regresso, gioca la vera novità di questi anni: siamo entrati nell'era delle aspettative decrescenti, basata su previsioni negative e sulla conseguente certezza (o almeno paura) che in futuro quasi tutti - a partire dai giovani - avremo di meno rispetto a oggi. In tale ampia fascia di popolazione la filosofia del Quanto Basta è figlia non della sazietà propria dei ceti '*up*' ma dell'arretramento coatto.

Ma c'è qualcosa di più profondo e unificante, di interclassista, nell'orientamento al Q.B.: **un crescente desiderio di sfoltimento**, di rarefazione, di minor soffocamento da parte delle merci e degli stessi desideri (che spesso appaiono doveri più che piaceri). La conseguenza è che il 'meno' si rovescia in 'più': offre maggiori gratificazioni; esalta il parziale vuoto al posto dello strozzante pieno; si fonda sul rallentamento (praticato o auspicato) dei ritmi di vita; evita la ricerca della massimizzazione della produttività, del reddito e dei consumi; diminuisce lo *stress*; accresce il controllo sulla propria vita. In effetti, il ridimensionamento delle aspettative ne accresce la possibilità di soddisfazione, nel mentre sposta l'accento dalla quantità alla qualità, dall'avere all'essere, dal possedere all'usare (e ri-usare, affittare, barattare, ecc.: sempre più spesso al di fuori del mercato, dell'economia fondata sulla moneta) diminuendo altresì i consumi di energia, l'impatto ambientale, in taluni casi la stessa disuguaglianza sociale.

Tale ridimensionamento assume spesso il volto d'una **nuova domanda sociale**: quella **del** *less but better*, del meno ma meglio. Nel trentennio '50-'80 registrammo una crescita caratterizzata dal *more and more* (ossia dallo sforzo di accrescere la dotazione quantitativa di beni); seguì la fase del *more and better*, cioè del perseguimento di beni e servizi sia più numerosi sia con maggiori qualità (al plurale: semplicità d'uso, sicurezza, *design*, ecologicità, piacere polisensuale, valida e cortese fornitura, ecc.); ora è giunta l'ora del calo ma senza peggioramento (a volte anzi con maggior qualità), anche perché - almeno per gli Italiani - ridurre la quantità deprime assai meno che 'svaccare' sulla qualità.

Purtroppo, almeno dalla metà del 2011 una parte del Paese (**48%** degli ultra17enni) è stata **costretta a praticare il** *less and worse*, il meno e peggio insieme: ma l'aspirazione diffusa è di tornare a livelli qualitativi graditi più che di riprendere - per chi l'ha vissuta - la festa della corsa consumistica.

Per concludere, un'osservazione: se Q.B. non vuol dire rinuncia a crescere, certo implica il **rifiuto** - magari inconsapevole - **dell'idea che la felicità coincida**

con la massimizzazione dell'utilità. La 'filosofia del Quanto Basta' sa che i piaceri vanno centellinati, in parte posticipati per goderne di più, aumentati un poco alla volta: evita l'immediatismo edonistico, l'incontinenza, l'avidità rapace a favore d'una sorta di prudente ascesa, passo dopo passo (davvero "chi va piano va sano e va lontano" e si gode di più il viaggio, la compagnia, il panorama).

Essere intensi

La figura retorica è quella dell'ossimoro, della compresenza degli opposti (ghiaccio bollente, dolcezza amara, ecc.): qui evoca **l'infelice felicità**, cioè il legame inscindibile tra tali due polarità dell'esistenza degli umani. E lo fa da più punti di vista.

Il primo può essere espresso così: uno dei modi più sicuri per sentirsi appagati nella (e dalla) vita è l'essere o l'essere stati profondamente sofferenti, avendone dolorosa consapevolezza. Spesso solo chi ha sperimentato la fatica, la tristezza, la disperazione riesce prima o poi a godere d'un vero appagamento, dal momento che **la felicità e l'infelicità si chiamano l'un l'altra**, si illuminano e si garantiscono a vicenda: nell'infelicità si può rinvenire l'aspirazione al raggiungimento del polo opposto, mentre la piena realizzazione esistenziale implica la sua stessa fine, contenendo l'elevata probabilità d'un futuro rovesciamento. Anche qui la conoscenza avviene, come sempre, per contrasto.

C'è poi un altro angolo di visuale, quello dell'**intensità nell'affrontare l'esistenza**, propria dei soggetti molto felici e molto infelici. Essa non deriva solo dalla rilevanza degli stimoli esterni (un terribile lutto, un grande amore, ecc.) ma è anzitutto connessa alla forza con cui la persona affronta la vita, al vigore del suo stile esistenziale. Con una conseguenza: poiché gli individui almeno in parte felici soffrono di logoramento esistenziale, dovrebbero, per non correr troppi rischi (di *stress* e malattie anche gravi), **'sputar fuori' le emozioni**, condividere con altri gioie e dolori, attivare l'effetto di abreazione (coloro, invece, che si dichiarano soprammedia infelici, in genere si tengono tutto dentro, restano schiavi della penalizzante 'strategia del rododendro').

Tutto ciò ha a che fare anche con la 'carica energetica': hanno più *chances* coloro che 'ci danno dentro' rispetto ai posapiano e ai letargici. Certo, se la 'carica' è troppo forte, il motore s'imballa determinando ingorgo e *stress*; ma l'inazione porta spesso all'assenza di ogni emozione, al vuoto privo di valore e senso, alla noia. Per esser più felici, però, non conta tanto un elevato livello di attività quanto **la carica pulsionale**: in metafora, non l'agitarsi del tiratore di tante frecce ma la tensione della corda (Ulisse vince i Proci non quando li uccide ma nel momento in cui si dimostra l'unico in grado di flettere l'arco). La felicità spesso è nella potenzialità, non nell'atto: nel potenziale d'energia, non nel suo effettivo utilizzo.

Un'altra notazione: intensità non vuol dire velocità ma

non coincide neppure con l'opposto. È ora di rifiutare il mito della lentezza felicitante: un po' perché c'è chi si dice infelice lamentando un'esistenza podagrosa e priva di stimoli, talché ambisce a ritmi più vivaci; un po' perché – all'opposto – ci sono i dromòfili (alla greca: gli amanti della velocità) che adorano l'eccitazione del viver di corsa. In verità, le ricerche che ho svolto su 'Gli Italiani e il tempo' mostrano che la **felicità** risulta **maggiore se la vita è caratterizzata dall'irregolare alternarsi di fasi** *slow* **e fasi** *fast*, di momenti vissuti di corsa e momenti assaporati con calma: vale la pena cercare il succedersi di *sprint* e di stasi, mirando a trarre stimoli positivi a volte dall'ingurgitare golosamente le esperienze e altre volte dal centellinarle protraendole il più possibile. La felicità - parrebbe - è a due velocità, conseguibile giocando a volte col freno e a volte con l'acceleratore (i maestri, poi, si dedicano al punta-tacco, al rallentare e al 'dare motore' contemporaneamente...).

Gestire il rapporto tra oggi, ieri, domani

Cambiamo ora prospettiva ma non tema: l'intensità esistenziale si connette spesso alla completa concentrazione su ciò che si sta vivendo, all'**essere pienamente assorbiti dal 'qui e ora'**. Qualche studioso ha parlato di esperienze di flusso (*flow*), dal momento che molti individui felici si immergono nel fiume dell'esperienza presente, con totale abbandono, quasi senza coscienza di sé, a volte non avvertendo il tempo che passa e gli stimoli esterni (il telefono o uno scoppio) e persino interni (la fame o il dolore): tale potente focalizzazione sollecita tutti i sensi e le facoltà, con la 'sospensione' di quel che è estraneo al *focus* d'attenzione, determinando un profondo appagamento.

Ma l'intensità nel vivere si applica anche 'all'indietro', nel **ricordare le** positive **esperienze passate**: per goderne di nuovo, per imparare da esse (grazie a una sorta di auto-imitazione), per rassicurarsi quando si teme di non essere capaci di godere la vita. Se poi si è sofferta una grave perdita, la rievocazione del passato (migliore dell'oggi) può riportarlo in vita, dimostrando che la fine non è mai totale, proprio perché la memoria la travalica. Di più: a volte serve tenere un vero e proprio diario della felicità, annotando ogni sera i momenti eccellenti, gli stringimenti di cuore (o intellettuali): è, questo, un modo utile ad alcuni per rafforzare il proprio approccio positivo.

Dalle ricerche sociali emergono, però, alcune difficoltà se si esamina il ruolo della memoria, non sempre appagante. A volte, anzi, ricordare è una maledizione, per chi ne è schiavo: o perché vive solo nel passato che non passa (incapace di godere del presente e del futuro), oppure perché i ricordi sono talmente numerosi e dettagliati da colonizzare mente e cuore (il che è terribile sia se essi sono solo negativi e perciò portano all'odio per la vita, sia se sono solo positivi e perciò saturano il bisogno di felicità). In effetti, **il passato va coltivato** ma **con misura**: è utile rievocarlo ma senza farsene invadere, evitando l'oblio così come il risucchio all'indietro. E la memoria deve recuperare le esperienze gratificanti ma pure i dolori e gli errori: l'ottimismo mnestico (la diffusa tendenza di noi umani a indorare quel che ci è accaduto) non deve tradursi in esorbitanti dimenticanze e in conseguenti auto-assoluzioni; se mai, ai guai o pasticci pregressi conviene guardare con distacco critico e con tolleranza per i propri e gli altrui difetti, collocandoli in un contesto temporale più ampio.

La focalizzazione felicitante è tutta immersa nel

presente; la memoria è rivolta al passato. E **il futuro**? Qual è il suo rapporto con la gioia vera del vivere? Per dar risposta a questi interrogativi è utile una distinzione: tra la sua immagine (ossia come ipotizziamo che le cose evolveranno) e la sua controllabilità (cioè se riteniamo di poterlo determinare almeno un po'). Sul primo punto i risultati delle ricerche sociali segnalano che la convinzione che il domani sarà 'nero' (e specialmente peggiore dell'oggi) ha ovvi effetti negativi; all'opposto, prevedere un'evoluzione positiva non dà di per sé felicità ma crea un contesto favorevole al suo dispiegarsi. Sul secondo punto, è vero che il nostro destino è inconoscibile ma è anche vero che siamo culturalmente orientati al domani, non possiamo sottrarci a immaginarlo e a tentare di 'produrlo'; per cui spesso ricaviamo benefici (talora felicità) dal progettarlo. I motivi? La tensione positiva 'in avanti' implica un certo grado di fiducia; sollecita l'impegno, a volte la missione, spesso la responsabilità (con la loro parziale capacità di produrre senso); fa usare lo *zoom* per allargare il campo e ri-contestualizzare il presente, senza contrapposizione tra presente e 'tensione a...'. A ben guardare, ogni progetto si pensa e si mette in opera qui e ora, il domani anima l'oggi, il futuro è già cominciato.

Riflettere

Sin qui abbiamo parlato di emozioni. Ma **felicitante** è pure pensare, riflettere, **approfondire** le idee e le esperienze (proprie e di altri): per più motivi. In primo luogo ciò impone un rallentamento o una stasi (si dice infatti "fermarsi a pensare"). Poi si esplica nel prendere le distanze, nel guardare da fuori, favorendo un certo distacco critico e l'esercizio salutare del dubbio. Inoltre aiuta a rivedere, verificare, progettare: magari a confronto con altri (*auctores*, Maestri, familiari, insegnanti, terapeuti, amici, persino estranei incontrati per caso). I modi, gli strumenti sono i più diversi: dalla lettura all'analisi psicoanalitica, dalla preghiera alla libera fluttuazione della mente, dal riesame dei ricordi alle fantasie più estreme, dal godimento delle opere d'arte e della musica sino ai dibattiti impegnati, dalla costruzione e verifica di ipotesi scientifiche alla creazione artistica, eccetera. Ma la sostanza resta la stessa e risiede nel (parziale) potere di dar vera gioia che hanno il pensiero (anche quello intuitivo), la conoscenza, lo scavo: a condizione che non siano troppo razionalizzanti oppure ossessivi e perciò colonizzanti la vita.

Usare lo zoom

Una delle tecniche più valide per incrementare un po' la propria soddisfazione esistenziale consiste nell'**allargare il campo d'osservazione**, il perimetro considerato. Si tratta, per così dire, d'usare lo *zoom*, smettendo di concentrare l'attenzione sul qui e ora per ampliare lo sguardo: da un lato sino a vedersi in passato e in futuro, dall'altro inglobando nell'esame gli altri. Ciò dà vita a un inevitabile confronto, il quale talora ha effetti negativi ma più spesso aiuta a scoprire o a ricordare la propria condizione privilegiata, il valore di taluni nostri successi o caratteristiche, la condizione positiva o almeno non malvagia nella quale siamo.

È, questa, **la tecnica della contestualizzazione**, che si traduce nel "non guardarsi l'ombelico", nel rifiutare un approccio troppo auto-centrato, nel pensarsi parte di una comunità umana più vasta. Con tre vantaggi ulteriori: il ricorso allo *zoom* spesso riduce o annulla il delirio d'onnipotenza e l'opposta auto-colpevolizzazione; favorisce un sano relativismo cognitivo ed emotivo, che si traduce in generosità auto- ed etero-riferita; infine può essere utilizzato prima allargando e poi ri-stringendo il *focus*, per alternare la visione ravvicinata e quella da lontano.

Recitarsi

Siamo in tanti a saperlo: è utile esplicitare – a sé e agli altri – i propri sentimenti ed emozioni, i consensi e i dissensi: 'sputarli fuori' consente di contenere i dolori (in termini di durata più che d'intensità) e di 'fissare' le gioie, ottenendo partecipe ascolto lenitivo (quando si esplicitano le sofferenze) oppure consenso rafforzativo (quando si coinvolgono gli altri nei propri attimi gratificanti). Ma si può far di più e di meglio scegliendo la via della teatralizzazione: **mettere in scena le emozioni** consente agli altri di veder agiti (e di sentir agire dentro di sé) i drammi della vita, appunto come a teatro o nelle fiabe; accresce il positivo controllo di sé; svolge a volte una funzione terapeutica. In inglese *to act* significa insieme agire e mettere in scena: il gran teatro della vita può essere rappresentato nel proprio piccolo **teatrino personale**, gridando la sofferenza e così contenendola, recitando la felicità e così accrescendola, giocando a scambiare le parti e così allenando alla tollerante flessibilità, 'tirando dentro' il pubblico e così favorendone l'identificazione liberatoria. Noi Italiani saremo anche un popolo di teatranti, di guitti, di macchiette, di tragici Pulcinella: ma nel carro di Tespi spesso troviamo (e diamo) un poco di felicità.

Ma c'è **un altro teatro** appagante, quello basato sulla creazione di un proprio ambito riservatissimo, **inacces-sibile e ignoto** anche ai compagni di vita e agli amici più intimi: una sorta di metaforica stanza nascosta, ove ci si può rifugiare per vivere - senza controlli esterni - esperienze appaganti, isolandosi, fantasticando, sognando a occhi aperti. Si tratta, in genere, di fantasie complesse, assai strutturate, coltivate per mesi o anni o decenni: una vera e propria *Second Life* in grado di dare quelle soddisfazioni profonde che l'esistenza ordinaria non fornisce, talora persino ridisegnando il passato senza le sue tragedie, i suoi fallimenti. Certo, il tutto può essere pericoloso, quando si determina un esorbitante distacco dalla realtà e si accresce l'isolamento: ma, se la persona può abbandonarlo quando vuole o deve, tale giardino segreto accresce le esperienze e la soddisfa-zione; aiuta a elaborare i lutti e a sopportare i disagi; fa immaginare vite diverse; riporta in contatto con le dimensioni infantili; consente a volte di superare la fissità dei ruoli familiari e sociali. E in questo teatrino nascosto l'individuo è contemporaneamente autore, sceneggiatore, regista, attore, *cast*, scenografo, datore di luci, buttafuori, suggeritore, orchestra, pubblico, critico...

Esporsi al bello

Nella cassetta degli arnesi che possono essere d'ausilio per essere un po' più appagati dell'esistenza ce n'è uno a un tempo ovvio, assai diffuso (almeno in Italia), spesso gratuito, potente: si tratta dell'esposizione alla bellezza. Mi guardo bene dal definirla ma so che le **gratificazioni estetiche** vengono indicate da una larga maggioranza come assai **felicitanti**. I motivi sono numerosi:

- la (percepita) bellezza parla alla testa e al cuore, risultando olistica seppur non del tutto spiegabile: qualcosa che ha a che fare con l'intuizione sintetica

- il bello ha un carattere migliorativo: l'effetto risulta a volte moderato e altre volte *shocking*, certo quasi mai conservatore o confermativo dell'esistente

- è netta la sua potenziale accessibilità 'democratica'

- risulta frequente l'identificazione tra bellezza e armonia, simmetria, equilibrio: elementi spesso attribuiti all'appagamento (con persistente distanza di massa dalle arti contemporanee, frequentemente non comprese e rigettate: e qui si pone - almeno in Italia - un evidente problema di cultura).

Negli ultimi anni si è rinforzata la propensione alla **bellezza come alternativa alle brutture della vita**, alla convivenza incivile, all'assenza di armonia. Ma un punto-chiave non è cambiato: l'esposizione al bello è ritenuta una delle saette più efficaci per raggiungere la beatitudine, per aiutare a contestualizzare le esperienze, per limitare l'impatto disastrante dell'infelicità più cupa. Il bello ha questo di bello: ricorda sempre che un altro mondo (e un altro modo di vivere) è possibile; e a volte lo crea.

Terza Sezione
Tre questioni specifiche

Corpo e amore

E il corpo? A lungo, specie col Cristianesimo, la felicità è stata riferita all'anima, allo spirito: il corpo è stato messo in secondo piano o addirittura demonizzato insieme ai suoi piaceri (per secoli - e da alcuni tuttora - definiti 'animali' o 'bestiali'). Negli ultimi decenni, invece, esso è stato ripreso in considerazione e anzi esaltato, con un poderoso 'recupero' estetico ed edonistico, sino a lasciar credere che la felicità sia anzitutto fisica e polisensuale (basata cioè sul gusto e sulla capacità di trarre piacere dall'intera gamma dei sensi). Oggi - dicono le indagini sociali e di *marketing* - si tende a una sorta di **nuovo equilibrio psiche-soma** (sempre più interconnessi o persino unici, indistinti): è, questa, la cultura del 59% dei nostri connazionali (ma le donne arrivano al 67% e gli uomini si fermano al 51%). Con un'aggiunta: per favorire l'appagamento nella vita non è affatto richiesto un corpo bello (anzi, la grande bellezza così come la grande bruttezza risultano spesso problematici: meglio - dicono gli intervistati maschi e femmine - essere esteticamente discreti, 'carini'); e neppure è indispensabile avere un corpo sano (le persone ammalate si dichiarano mediamente solo un po' più infelici della media, mentre a volte una grave malattia aiuta a scoprire la vera felicità o alcuni suoi attimi). No, quel che davvero conta è 'sentire' il proprio corpo, accettarlo, averlo in simpatia, muoverlo, avvertirne la capacità espressiva, usarlo per raccontarsi.

E **l'amore**? Da sempre sappiamo che spesso è fonte di attimi di beatitudine o di prolungata serenità, a volte di un progetto condiviso e felicitante. Ora – nel fuoco della crisi – amare è divenuto una fonte di appagamento maggiore che in passato: le ricerche ci dicono che esso è tale per la scoperta dell'Altro, la miglior conoscenza di sé tramite la relazione col *partner*, il piacere preso e dato, l'uso dell'alfabeto e del linguaggio delle emozioni, la mutua rassicurazione, la riconferma nel tempo, i comuni sogni e ricordi, a volte i vantaggi legati al convivere. Abbiamo anche documentato che dà maggior felicità l'essere (il sentirsi) amati, più che l'amare; che il dar gioia e 'leggerla negli occhi' del *partner* è assai gratificante; che l'amore è come il dono (non il semplice regalo ma il meccanismo che è alla base di molte società: il dono gratuito ed estraneo al circuito monetario, impegnativo per chi lo dà e per chi lo riceve, protettivo anche perché garanzia per i momenti cupi, sopravvivente alla morte). Per questi motivi l'amore è ancor più utile nelle fasi di regresso: scalda il cuore e produce qualità (non quantità), incidendo positivamente sul bilancio della felicità (specie se è *soft love*: né violento né 'proprietario').

Una politica per la felicità

È possibile ipotizzare per l'Italia una 'politica della felicità', una strategia pubblica che migliori questo particolare tipo di bilancio sociale? Secondo me sì, purché si abbia chiaro che per i cittadini l'appagamento nella vita dipende in parte modesta dalle scelte del governo e della pubblica amministrazione. In ogni caso si deve fare tale ipotesi, se non altro poiché oggi (e da anni) proprio lo stato del Paese è all'ultimo posto nella classifica degli aspetti che rendono gioiosa l'esistenza dei nostri connazionali, mentre il rigetto della politica ha raggiunto livelli preoccupanti. Proverò, perciò, a interpretare i dati delle ricerche sociali che ho svolto, proponendo una sorta di **decalogo**.

1. Una forza politica che volesse governare accrescendo le *chances* degli Italiani di essere più soddisfatti della loro vita dovrebbe mirare a **creare un ambiente favorevole**, senza cercar di dare soluzioni: allo Stato, in ogni sua articolazione, non compete garantire la felicità; sarebbe già tanto se rimuovesse alcuni ostacoli allo sforzo dei suoi cittadini di perseguire (o no) le soddisfazioni – grandi o piccole – dell'esistenza.

2. Ciò significa, anzitutto, **semplificare la vita** delle famiglie e delle imprese, abrogando moltissime norme e rendendo ficcanti i controlli su ciò che davvero conta.

3. Poi, passare dal dare ordini al **fornire poche e chiare informazioni rilevanti**, che aiutino i *citoyens* a far le loro scelte, indichino direzioni di marcia, producano senso.

4. Cruciale è **fare discorsi di verità**, onesti, realistici: senza alcuna forma sia di ottimismo beota sia di pedagogismo sprezzante: trattando, cioè, i cittadini come soggetti adulti, capaci di capire e di scegliere.

5. Oggi, in particolare, sarebbe utile **aiutare** la popolazione **a ridurre le aspettative**, a praticare la 'filosofia del Q.B.': non con esclusivo riferimento alla scarsità delle risorse, ai mutamenti demografici, alle richieste dell'Unione Europea, alle imposizioni dei cosiddetti 'mercati', ecc. (ossia non diffondendo depressione, colpevolizzazione, senso di esproprio) ma – all'opposto – proponendo in positivo un diverso modo di concepire la comunità e lo sviluppo (ma non promettendo alcun ritorno alla crescita precedente, a un tempo impossibile e non auspicabile).

6. Certo, conta **dare l'esempio**, riducendo privilegi e privilegiati 'in alto', escludendo da ogni carica i condannati e gli inquisiti per reati significativi, finanziando la politica e non i politici, rinnovando la rappresentanza e i suoi *modi operandi*.

7. Il 'pubblico' non può più promettere un po' di tutto. Deve – all'opposto – **fare** varie esplicite **rinunce a favore di maggiori investimenti in pochi ambiti-chiave**: perché mantenere una burocrazia ipertrofica, un apparato militare inutile per le esigenze di difesa e di *peace keeping* di un Paese medio-piccolo, il finanziamento delle confessioni religiose? e perché, invece, non investire solo in ricerca e formazione pubblica, cultura, ambiente, previdenza e sanità/assistenza, mobilità e sicurezza interna?

8. Ma nulla è ottenibile senza **una profonda redistribuzione** a favore del lavoro dipendente e delle imprese non protette, colpendo le rendite e l'evasione (fiscale e non): consapevoli che l'Italia sarà aiutata da una diversa ripartizione del reddito e della ricchezza, da una maggior equità, da un sostegno attivo ai gruppi sociali impoveriti e angosciati (oggi più della metà degli Italiani).

9. Semplificare; aiutare e proteggere i deboli; dare un senso (direzione e significato) all'essere nazione nel contesto europeo; incentivare (più che imporre) i comportamenti virtuosi e disincentivare gli altri; spostare risorse selezionando gli obiettivi; chiudere con la cleptocrazia (dal greco: il potere dei ladri) e con l'illegalità: nel far ciò è necessario **esprimere** *leadership*, quella basata sulla capacità di ascolto e sulla comprensione dei bisogni popolari, anche per favorire il diffondersi di responsabili comportamenti sociali.

10. Soprattutto, appare urgente dare speranza, anche tramite **messaggi che lavorino sull'auto-stima** e l'auto-efficacia **della società e dei singoli individui**: non – com'è avvenuto per decenni – legittimando anomìa e xenofobia, titillando gli istinti peggiori di noi Italiani, ma testimoniando con tanti piccoli atti che un diverso Paese è possibile: un Paese con meno ben-essere e più gioia di vivere; più serio ma non più noioso; più giusto ma non più appiattito; più orgoglioso delle proprie eccellenze e desideroso di non dilapidarle; più solidale e – se non più felice – almeno meno rattristante.

Un nuovo marketing

È quasi quarant'anni che mi occupo di *marketing*, per lo più nel settore delle ricerche sociali e - appunto - di mercato. E ho maturato una convinzione: **il *marketing* in Italia rischia di fallire**, perché tradisce se stesso, per cui urge una rivoluzione culturale che lo sottragga al suo doppio pericolo attuale, quello della decrescente efficacia e quello della penalizzazione da parte dei cittadini prima e del 'regolatore' poi. Sostengo tale tesi - ovviamente discutibile - per più motivi.

Il primo parte dal ricordare cos'è il *marketing*: tra le migliaia di definizioni proposte negli ultimi decenni, la più semplice è quella che lo descrive come il raggiungere i propri obiettivi (profitto per un'impresa, raccolta-fondi per il *non profit*, consenso, ecc.) soddisfacendo bisogni. Il che implica una duplice presa di distanza: sia dal soddisfare bisogni ma non conseguendone alcun vantaggio (attività nobilissima ma estranea all'economia), sia dal fare profitti ma senza soddisfare bisogni (attività diffusa ma in genere poco commendevole in quanto basata sul dispregio delle necessità del *target*, oltre che spesso impositiva e monopolistica o comunque 'protetta'). Ora, da tempo e nella gran parte dei casi, in Italia le offerte di **beni** e

servizi così come i **messaggi** che li riguardano **non aiutano più i consumatori/utenti a risolvere i loro problemi**, risultano cioè disassati dai loro bisogni. Per citar pochi dati-chiave, le ricerche segnalano che oltre l'80% dei prodotti 'testati' presso gli utilizzatori attuali o potenziali viene giudicato deludente in tutto o in parte, in sé e specialmente dopo l'orgia di promesse mirabolanti che ne hanno accompagnato il lancio e la commercializzazione. Inoltre, in quasi nove casi su dieci la pubblicità, il *marketing* diretto e le altre forme di comunicazione parlano a consumatrici o a consumatori inesistenti, con valori e passioni non più avvertiti dagli interessati come propri e rilevanti. Infine, i prodotti e le marche acquistati e usati svolgono una funzione felicitante solo per il 17% dei nostri connazionali, mentre il dato relativo ai punti-vendita frequentati non supera il 9%, con la pubblicità e le altre forme di comunicazione commerciale giudicate *happiness makers* da un infimo 4%.

In passato non era così: un po' perché era maggiore la qualità degli operatori (si investiva di più in formazione, i giovani inesperti non erano mandati allo sbaraglio, l'Italia non era ancora stata espropriata dalle decisioni che la riguardano, ecc.); un po' poiché in questo mondo ormai quasi nessuno - come nella fiaba di Andersen - ha il coraggio di dire che l'imperatore è nudo; un po' perché si fanno ricerche meno profonde; molto perché **il *marketing* non ha colto la svolta epocale** connotata dalla fine delle aspettative crescenti, dal *mix* di *downgrading* e specialmente *downsizing* e *repositioning* tipico della nostra società impoverita.

La verità è che il *marketing* è stato un insieme di sensibilità e tecniche tipiche dell'era dell'espansione dei consumi, dell'individualismo, dell'omologazione al 'modello americano'. Oggi che i consumi mutano e sono in regresso non congiunturale, che le culture collettive mutano di segno, che il narcisismo si traduce in solitudine e depressione, che la speranza ha lasciato il posto alla disillusione, oggi avremmo **necessità di un nuovo pensiero e di nuovi metodi di lavoro**, ripartendo dai rinnovati bisogni dei cittadini. Ma ciò non sta avvenendo: molti *marketers* si illudono che le difficoltà siano legate solo al ciclo e tuttalpiù si cullano nell'illusione del *Web*, quasi che la tecnologia possa da sola risolvere i problemi.

Cosa si dovrebbe fare? Anzitutto, riconoscere **la crisi 'storica' della marca** (ma non di tutti i *brands*). Già nel 2005 AstraRicerche presentò un'ampia indagine che forniva dati inequivoci, che i sette anni successivi non hanno fatto che confermare e aggravare. Oggi, in sintesi:

- il 38% degli Italiani evita i prodotti di marca e il 22% ne limita gli acquisti a poche categorie (solo il 23% è caratterizzato da amore o forte apprezzamento per i *brands* e in particolare per le *griffes*)

- coloro che dichiarano di aver totale o molta fiducia nelle marche dei produttori sono scesi in vent'anni dal 76% al 46%, mentre per le marche dei distributori si è passati nello stesso periodo dal 32% al 56%

- l'affermazione "diverse marche mi sono care, sono affezionata/o a loro quasi come a delle amiche" raccoglie il 44% dei consensi *versus* il ben maggiore 68% del 1992

- contro i *brands* gioca anzitutto la convinzione che essi troppo spesso 'firmino' prodotti indifferenziati, identici o molto simili tra loro: essa coinvolge - a seconda dei settori - tra il 46% e il 79% degli intervistati ultra17enni, anche perché la competizione imitativa porta quasi tutti a copiare quasi tutti

- l'offerta delle marche e dei loro messaggi è ritenuta esorbitante e confusiva da oltre due adulti e anziani su tre

- la gran parte dei *brands* ha perso capacità certificatrice: a volte per gli scandali; molto per le promesse esagerate e per l'inutilità di tante presunte innovazioni; molto per il prolungato cattivo rapporto qualità/prezzo; moltissimo per il crescente rigetto - da parte del suo *target* - della comunicazione commerciale (troppa, invasiva, poco creativa, omologata nei valori e nei codici semantici, spesso banale o volgare)

- e, se poco hanno pesato i movimenti *no global* e *no logo* così come le tesi pro-decrescita, maggiormente rilevante è risultata la 'scoperta' di massa che la qualità spesso è *unbranded*, non connessa alla marca.

Infine - solo infine - s'è aggiunta la crisi, con il suo quadruplice effetto di depressione dei consumi, di spinta verso beni e servizi più convenienti, di rimessa in discussione dei modelli precedenti d'uso e acquisto dei prodotti, di accresciuta aggressività nei confronti dei produttori e - meno - dei distributori. E pesa assai **la novità radicale del *Web***, arrivato in ritardo in Italia ma con un impatto velocemente crescente, con più effetti: si estende l'informazione non controllata dalle aziende; i 'grandi' spesso non fanno più la musica, costretti a inseguire il *target* più che a determinarlo; scende ulteriormente la *brand loyalty*, la fedeltà alla marca, mentre i mercati (e i successi) divengono più incerti, instabili, erratici; infine (questa informazione è inedita) muta significativamente la mappa dei *media* nel loro rapporto con il *happiness making* (Internet è positivamente collegato alla felicità dal 31% dei suoi utilizzatori, la televisione dal 16%, la radio dal 15%, i quotidiani dal 10%, i periodici dal 9%: ma conta anche la capacità infelicitante di tali *mezzi di comunicazione*, che è lamentata dal 15% per la tv e per i quotidiani, dal 5% per i periodici, dal 4% per la radio, dal 3% per il *Web*).

Siamo, dunque, alla fine di ogni speranza per le marche? In parte no. Ma chi vuole costruire o accrescere un *brand* (in gergo fare *brand building o brand enforcement*) dovrebbe ricordare che sta finendo l'era della forza, dell'onnipotenza, dell'arroganza impositiva, dei miti e dei *totem*: sempre più **le marche** (alcune marche) **giustificheranno la loro esistenza se** saranno utili garantendo specifici servizi (anche i beni materiali devono avere un forte contenuto di servizio); se faciliteranno parziali esperienze di vita (e non solo di consumo); se instaureranno una relazione mite e complice con le persone, che vogliono essere capite e aiutate; se garantiranno un''etica minima' (non rubare, non danneggiare, non dire bugie) più che una pomposa *corporate social responsibility*.

Se tutto ciò è vero, d'ora in poi faremo bene a **distin-**

guere tra marche funzionali (quelle che danno un nome a prodotti che soddisfano bisogni concreti, specifici, da non sovraccaricare più di esagerati valori simbolici) **e marche felicitanti** (quelle che promettono emozioni profonde, in parte indipendenti dall'utilizzo del bene o servizio e invece connesse a un'esperienza di vita). Sinora esse sono state mescolate e per decenni ciò ha funzionato: ma oggi molta gente non crede più che l'uso di un detersivo dimostri la perfezione della *housekeeper* (casalinga e non), che il ricorso a un *gel* o a un rossetto o a un capo di abbigliamento regali capacità seduttiva, che la gran parte dei modelli automobilistici trasformi o potenzi chi li guida, che scegliendo una destinazione turistica o una tecnologia d'uso quotidiano si sia più felici.

Sì, alcune **marche** possono mirare più in alto, divenendo ***happiness makers*** (oggi in Italia se ne trovano solo una quindicina, per metà nostrane e per metà straniere). Non che i *brands* determinino l'appagamento esistenziale: possono, però, essere (ed essere percepiti) come compagni di strada che aiutano alcuni cittadini a migliorare il proprio bilancio di vita. Che caratteristiche devono avere, secondo le ricerche, questi *brands* felicitanti? Non conta che siano *market leaders* e/o sostenuti da forti investimenti pubblicitari e/o costosi e/o élitari: è bene, invece, che appaiano solidi e rassicuranti, con concreti vantaggi in termini di prodotto (i cosiddetti *product pluses*), polisensoriali ed esperienziali, con prezzi sostenibili, con una comunicazione originale (meglio se 'virale') che esprima valori condivisi dalle comunità degli interlocutori. Poi, certo, dovranno scegliere se mirare a dare *bliss* (brevi e intensi attimi di felicità) o sostegno al cambiamento duraturo e all'impegno per conseguirlo; se lavorare sull'io (in termini di *self enforcement* o *self empowerment*) oppure sulla comunità (che si ritrova in valori e passioni, scelte e reti/*networks*), se identificarsi col prodotto (*product brands*) - specie nei mercati di massa indifferenziati e in arretramento - o col *target* (magari per esserne una delle rare icone).

In ogni caso, abbiamo il dovere di **ripartire dai veri bisogni della popolazione** o di sue fasce-obiettivo (*target* vuol dire appunto bersaglio): senza fingerli diversi da quel che sono, senza attribuirli o imporli, senza la coazione a ripetere che sta affossando il *marketing*, senza adorare acriticamente i *new media* quasi fossero il nuovo vitello d'oro. Forse, semplicemente, dovremmo tornare a esercitare la virtù che accomuna il miglior *marketing* alla migliore politica: quella dell'ascolto curioso e rispettoso, per dare poi risposte parziali, senza deliri d'onnipotenza, senza datatissima evocazione di simboli di *status*.

Una conclusione

Un librino come questo non può e non vuole avere una conclusione. Ma ogni film finisce con un *The End*, per cui ho pensato di evocare uno dei miei autori preferiti, **Italo Calvino** e il suo **'Le città invisibili'** (Einaudi). Calvino immagina lunghi dialoghi tra Marco Polo e Kublai Kan, l'imperatore cinese: il viaggiatore veneziano descrive al Gran Kan le città (di fantasia) che popolano lo sterminato regno del sovrano. Alla fine, l'ultimo colloquio: lo riporto - con 'neretti' miei - perché parla di bagliori di felicità, dell'inferno che abitiamo e dell'impegno a contrastarlo (insomma, dei due 'fuochi d'attenzione' di questo lavoro).

L'atlante del Gran Kan contiene anche le carte delle terre promesse visitate nel pensiero ma non ancora scoperte o fondate: la Nuova Atlantide, Utopia, la Città del Sole, Oceana, Tamoé, Armonia, New-Lanark, Icaria. Chiese a Marco Kublai: "Tu che esplori intorno e vedi i segni, saprai dirmi verso quale di questi futuri ci spingono i venti propizi."
"Per questi porti non saprei tracciare la rotta sulla carta né fissare la data dell'approdo. Alle volte mi basta uno scorcio che s'apre nel bel mezzo d'un paesaggio incongruo, un affiorare di luci nella nebbia,

il dialogo di due passanti che s'incontrano nel viavai,
per pensare che partendo da lì metterò assieme pezzo
*a pezzo la città perfetta, fatta di **frammenti** mescolati*
*col resto, d'**istanti** separati da intervalli, di segnali*
che uno manda e non sa chi li raccoglie. Se ti dico che
la città cui tende il mio viaggio è discontinua nello
spazio e nel tempo, ora più rada ora più densa, tu non
devi credere che si possa smettere di cercarla. Forse
mentre noi parliamo sta affiorando sparsa entro i
confini del tuo impero; puoi rintracciarla, ma a quel
modo che t'ho detto."
Già il Gran Kan stava sfogliando nel suo atlante le
carte delle città che minacciano negli incubi e nelle
maledizioni: Enoch, Babilonia, Yahoo, Butua, Brave
New World.
Dice: "Tutto è inutile, se l'ultimo approdo non può
essere che la città infernale, ed è là in fondo che, in
una spirale sempre più stretta, ci risucchia la corrente."
E Polo: "L'inferno dei viventi non è qualcosa che sarà;
se ce n'è uno, è quello che è già qui, l'inferno che
abitiamo tutti i giorni, che formiamo stando insieme.
Due modi ci sono per non soffrirne. Il primo riesce
facile a molti: accettare l'inferno e diventarne parte
fino al punto di non vederlo più. Il secondo è rischioso
*ed esige attenzione e apprendimento continui: **cercare***
e saper riconoscere chi e cosa, in mezzo all'inferno,
non è inferno, e farlo durare, e dargli spazio."

Ringraziamenti

Lo so: chiudere un libro profondendosi in omaggi vari è un vezzo diffuso tra gli autori. Ma non posso sottrarmi a tale incombenza, perché – davvero – questo lavoro non sarebbe stato possibile senza le indagini sociali commissionate ad AstraRicerche da varie aziende od organizzazioni rimarchevoli per la loro capacità di allargare l'orizzonte nel quale operano: per citare solo quelle successive al 2010, desidero render conto dell'intelligenza e della cortesia di Francesco Pugliese e Giuseppe Zuliani di Conad, Renato Borghi e Massimo Torti di Federazione Moda Italia, Adriano Hribal e Carmen Besta di Assolatte, Arianna Rolandi e Sara Orsenigo di Yakult, Nicola Ghelfi di Colussi e Laura di Paola di Eidos.

Tutti gli studi citati sono stati realizzati, con competenza e passione, da Cosimo Finzi (mio figlio), Simona Mastrantuono, Elisabetta Brambilla: i ricercatori *senior* che guidano il *team* professionale dell'Istituto che presiedo. La mia assistente, Nicoletta Marongiu, ha reso facile ogni fase degli studi e della redazione del libro, con capacità e pazienza. Alcuni incontri mi hanno fornito stimoli preziosi: anzitutto quelli con

Massimo Ferrario e con Maria Teresa Morasso, belle persone e vivide intelligenze.

Infine, i miei cari: Terry, Federico e Cosimo, Tatiana, Simona, Valeria, Paolo, Brunella, le adorate Matilde e Camilla. Persone amate ma anche fonti d'ispirazione, poiché la felicità provata con loro (e con tante altre persone che qui non cito ma che porto nel cuore) mi ha aiutato a capire un poco della felicità altrui.